Christiane Neumann

Entwicklung einer Plattform zur individuellen Ansteuerung von Mikroventilen und Aktoren auf der Grundlage eines Phasenüberganges zum Einsatz in der Mikrofluidik

Schriften des Instituts für Mikrostrukturtechnik
am Karlsruher Institut für Technologie (KIT)
Band 15

Hrsg. Institut für Mikrostrukturtechnik

Eine Übersicht über alle bisher in dieser Schriftenreihe
erschienenen Bände finden Sie am Ende des Buchs.

Entwicklung einer Plattform zur individuellen Ansteuerung von Mikroventilen und Aktoren auf der Grundlage eines Phasenüberganges zum Einsatz in der Mikrofluidik

von
Christiane Neumann

Dissertation, Karlsruher Institut für Technologie (KIT)
Fakultät für Maschinenbau, 2013

Tag der mündlichen Prüfung: 04. Dezember 2012
Hauptreferent: Prof. Dr. Volker Saile
Korreferent: Prof. Dr. Werner Karl Schomburg

Impressum

Karlsruher Institut für Technologie (KIT)
KIT Scientific Publishing
Straße am Forum 2
D-76131 Karlsruhe
www.ksp.kit.edu

KIT – Universität des Landes Baden-Württemberg und
nationales Forschungszentrum in der Helmholtz-Gemeinschaft

KIT Scientific Publishing 2013
Print on Demand

ISSN 1869-5183
ISBN 978-3-86644-975-6

Entwicklung einer Plattform zur individuellen Ansteuerung von Mikroventilen und Aktoren auf der Grundlage eines Phasenüberganges zum Einsatz in der Mikrofluidik

Zur Erlangung des akademischen Grades
Doktor der Ingenieurwissenschaften
der Fakultät für Maschinenbau
Karlsruher Institut für Technologie (KIT)

genehmigte
Dissertation
von

Dipl.-Ing. Christiane Neumann

Tag der mündlichen Prüfung: 04.12.2012
Hauptreferent: Prof. Dr. Volker Saile
Korreferent: Prof. Dr. Werner Karl Schomburg

Der Preis des Erfolges ist Hingabe, harte Arbeit und unablässiger Einsatz für das, was man erreichen will.

Frank Lloyd Wright

Für Kalliope

Danksagung

Diese Arbeit entstand im Rahmen meiner Tätigkeit am Institut für Mikrostrukturtechnik am Karlsruher Institut für Technologie.

Ich danke Herrn Professor Dr. Volker Saile und Herrn Professor Dr. Andreas Guber für die Möglichkeit, diese Arbeit bei Ihnen anzufertigen. Herrn Professor Dr. Werner Karl Schomburg danke ich für die Übernahme des Korreferats.

Mein besonderer Dank gilt meinem Betreuer Dr. Bastian E. Rapp für die zuverlässige Unterstützung und Motivation, die konstruktive Kritik und die produktiven Autofahrten. Achim Voigt danke ich für die Unterstützung in allen elektronischen Fragen.

Des Weiteren danke ich allen meinen Kollegen von der „YIG Neptun" sowie den Arbeitsgruppen „Biofunktionalisierung" und „Nachweismethoden" für die aufmunternden Worte und das Entfernen von so manchem Brett vor dem Kopf.

Meiner Familie danke ich für die Unterstützung und Geduld in den letzten Monaten und das sie immer für mich da sind.

Ganz besonderer Dank gilt Marcel Richter für die immer aufmunternden Worte und die meist erfolgreichen Versuche mich zum Lachen zu bringen. Du bist der beste Freund, den man sich vorstellen kann.

Kurzfassung

Im Rahmen dieser Arbeit wurden eine elektronische Plattform und die dazugehörige Steuerungssoftware entwickelt, mit der sich eine Vielzahl von thermisch aktuierten Mikroventilen bzw. Aktoren individuell ansteuern lassen. Die Funktionstüchtigkeit dieser Plattform wurde durch den Aufbau von drei verschiedenen Mikroventil- und Aktorkonzepten demonstriert.

Die Plattform wurde für Anwendungen in der Mikrofluidik entwickelt. Der Mikrofluidik kommt als Teilgebiet der Mikrosystemtechnik heute eine wachsende Bedeutung, vor allem in Anwendungen aus den Bereichen der Biologie, Chemie und Biotechnologie zu. Um die Fluidströme in komplexen mikrofluidischen Systemen gezielt manipulieren zu können, kommen Mikroventile zum Einsatz. Mit immer komplexeren Systemen und Anwendungen steigt auch die Anzahl der einzusetzenden Mikroventile. Hierbei ist eine individuelle Ansteuerung der einzelnen Ventile von großem Nutzen, um eine möglichst individuelle Steuerung des Systems zu ermöglichen. Hierfür eignen sich thermisch aktivierbare Ventile, insbesondere wenn sie durch Ohm'sche Widerstände angesteuert werden. Dies liegt darin begründet, dass die individuelle Ansteuerung einer Vielzahl Ohm'scher Widerstände ein Standardprozess in der Elektronik ist. Besonders kostengünstig und einfach skalierbar lassen sich thermisch aktivierte Mikroventile auf der Grundlage eines Phasenüberganges herstellen.

Mit der in dieser Arbeit entwickelten elektronischen Plattform lassen sich bis zu 588 Ohm'sche Widerstände individuell ansteuern. Zusätzlich wurde ein Peltierelement in den Aufbau integriert, das zusätzlich die Möglichkeit einer aktiven Kühlung des Gesamtsystems bietet. Daraus ergibt sich ein Temperaturbereich von -15 °C bis 65 °C in dem der Phasenübergang der Aktoren stattfinden kann. Das System ist modular aufgebaut und erlaubt eine schnelle und flexible Anpassung an verschiedene Ventil- und Aktorsysteme, die auf der Plattform betrieben werden sollen.

Im Rahmen dieser Arbeit wurde als einfachste Variante eines Phasenübergangsventils ein direktes Phasenübergangsventil aufgebaut, bei dem das fluidische Medium direkt im mikrofluidischen Kanal mittels des Peltierelementes eingefroren und mit Hilfe der Widerstände wieder aufgetaut wird. Als zweite Variante wurde ein indirektes Phasenübergangsventil auf der Grundlage einer Volumenausdehnung während des Phasenüberganges aufgebaut und im mikrofluidischen System eingesetzt. Als dritter Aktortyp wurde ein im Rahmen dieser Arbeit entwickelter bistabiler Aktor aufgebaut und getestet.

Neben der Entwicklung der elektronischen Plattform sowie der Überprüfung ihrer Tauglichkeit mittels verschiedener thermischer Phasenübergangsventile bzw. -aktoren wurde im Rahmen dieser Arbeit eine Methode zur Verbindung von Epoxidbauteilen mit Silikonmembranen entwickelt. Hierbei wird die Oberfläche des Epoxidbauteils zunächst mit einer silikonähnlichen Schicht modifiziert. Dadurch wird die Oberfläche des Epoxidbauteils einer reinen Silikonoberfläche so ähnlich, dass ein aus der Literatur bekanntes plasmagestütztes Bondverfahren zum Einsatz kommen kann, welches bisher lediglich für die Verbindung zweier reiner Silikonbauteile bekannt war.

Abstract

In this work, an electronic platform and its control software for individual activation of a high number of micro valves or actuators have been developed. To validate the platform, three different types of micro valve and actuator concepts were setup and tested.

The system is intended for use in microfluidic systems. Microfluidics, being a core topic of microsystems technology, is becoming more and more important, especially for application driven fields such as biology, chemistry or biotechnology. In such systems, micro valves are used to manipulate the fluid flow directly. The number of micro valves used increases with the complexity of the systems and the respective application. The possibility to independently control each of the micro valves is of great importance in order to keep the overall microfluidic system as flexible and configurable as possible. For such individual control, thermally activated micro valves are highly suitable, especially if they are actuated by means of ohmic heating via resistors. This is due to the fact that individually controlling a large number of ohmic resistors is a routine process in electronics. A cheap and easily scalable type of a thermally activated micro valve is one based on a phase change.

The electronic platform developed in this work allows the individual control of up to 588 resistors. In addition to this, a Peltier element was integrated into the system, which allows for active cooling. This allows a total temperature range of -15 °C to 65 °C for a potential phase change actuator. The system is set up using a modular design which allows for quick and convenient adaptation to various actuator or valve concepts which are to be operated on this platform.

In this work a direct phase change valves was set up as the easiest type of a phase change valve. In this valve type the fluid is frozen directly inside the microfluidic channel by means of the Peltier element and thawed by the resistors. The second valve type set up and tested in a microfluidic system was an indirect valve based on the volume dilatation during a phase change. A newly developed bistable actuator was set up and tested as a third type of actuator.

Besides the development of the electronic platform and the characterization of the various types of thermally actuated micro valves and actuators, a method for bonding epoxy components to silicone membranes was developed in this work. For this method a silicone-resembling coating is first applied to the epoxy component which allows subsequent plasma based bonding processes, a technique previously only known for silicone-to-silicone bonding.

Inhaltsverzeichnis

Tabellenverzeichnis

Abkürzungsverzeichnis

2D	zweidimensional
3D	dreidimensional
ATR	abgeschwächte Totalreflexion (engl. attenuated total reflection)
Bit	Binärziffer (engl. binary digit)
bzw.	beziehungsweise
ca.	circa
CAD	rechnerunterstütztes Zeichnen (engl. computer-aided design)
cDNA	komplementäre Desoxyribonukleinsäure (engl. complementary desoxyribonucleic acid)
D	difunktionell
d. h.	das heißt
DMDMS	Dimethoxydimethylsilan
DNA	Desoxyribonukleinsäure (engl. desoxyribonucleic acid)
et al.	und andere (lat. et alii)
f.	fest
FC-40	Fluorinert® FC-40, vollfluoriertes kohlenwasserstoffbasiertes Öl
fl.	flüssig
g.	gasförmig
GOPTS	3-Glycidyloxypropyltrimethoxysilan
GUI	grafische Benutzeroberfläche (engl. graphical user interface)
IR	Infrarot
L	links
LOC	Labor auf einem Chip (engl. Lab-on-a-chip)
M	monofunktionell

MEMS	Mikrosystem (engl. micro-electro-mechanical system)
mRNA	Boten-Ribonukleinsäure (engl. messenger ribonucleic acid)
PDMS	Polydimethylsiloxan, Silikon
PEG	Polyethylenglykol
PC	Phasenübergang (engl. phase change)
PCR	Polymerase-Kettenreaktion (engl. polymerase chain reaction)
poly(NIPAAm)	Poly(N-isopropylacrylamid)
PTFE	Polytetrafluorethylen
Q	tetrafunktionell
R	rechts
rpm	Umdrehungen pro Minute (engl. rotations per minute)
SMD	oberflächenmontiertes Bauelement (engl. surface mounted device)
T	trifunktionell
UV	Ultraviolett
z. B.	zum Beispiel
ZnS	Zinksulfid
µTAS	miniaturisiertes Gesamtanalysesystem (engl. micro-total analysis system oder miniaturized total analysis system)

1. Einleitung

Der Mikrosystemtechnik kommt in der Industrie aber auch im Alltag eine immer größere Bedeutung zu. Vermehrt kommen wir mit Mikrosystemen, wie z. B. in Touchscreens, in integrierten elektronischen Geräten wie Smart-Phones und ähnlich komplexen Mikrosystemen, in Berührung. Im Allgemeinen wird unter einem Mikrosystem die Verknüpfung verschiedener miniaturisierter Bauteile, wie z. B. Sensoren, elektronischen Komponenten oder Aktoren, zu einem Gesamtsystem verstanden, welches im Gesamten Abmessungen im Bereich von wenigen Mikrometern bis Millimetern aufweist [1]. Eine Marktstudie von Yole Développement in Frankreich geht von einem Wachstum der gesamten Branche um ca. 13 % in den nächsten 5 Jahren aus, womit der Umsatz von ca. 10,2 Milliarden US-Dollar im Jahr 2011 auf 21,1 Milliarden US-Dollar im Jahr 2017 ansteigen soll [2]. Innerhalb der verschiedenen Bereiche der Mikrosystemtechnik wird für den Bereich der Mikrofluidik sogar ein Wachstum von bis zu 23 % prognostiziert, was einer Umsatzsteigerung von 1,3 Milliarden US-Dollar im Jahr 2011 auf fast 4 Milliarden US-Dollar im Jahr 2017 entspricht [3].

Eine zunehmende Bedeutung haben mikrofluidische Anwendungen in der Biologie, Chemie und Biotechnologie. Hier kommen verschiedenste Systeme z. B. für die Sequenzierung von DNA (Desoxyribonukleinsäure), deren Vervielfältigung mittels PCR (Polymerase-Kettenreaktion) oder auch Einzelzellanalysen zum Einsatz [4]. In den meisten dieser Systeme sind neben anwendungsspezifischen, funktionellen Komponenten (wie beispielsweise Sensoren) vor allem Komponenten zur Regulierung und Steuerung des Flusses notwendig, sogenannte Mikroventile. Durch solche Ventile wird die Möglichkeit zur direkten Manipulation des Fluidstroms im System erst möglich. Mit zunehmend komplexeren Aufbauten und Analysesystemen werden immer mehr Ventile zur Steuerung der Fluidströme in diesen Systemen benötigt. Diese sollten möglichst kompakt und in die bisherigen Systeme integrierbar sein. Hierzu werden in der Literatur verschiedene Ansätze beschrieben [5]. Der am häufigsten verwendete und als bestmögliches Verfahren bekannte Ansatz besteht in der Verwendung von parallel angeordneten Mikroventilen. Hierbei wird jedes Ventil über eine eigene Steuerleitung mit Hilfe eines elektronischen Signals, welches die mechanische Kraft zum Schließen des Ventils auslöst, aktiviert. Die meisten derzeit aus der Literatur bekannten mikrofluidischen Ventile nach diesem Funktionsprinzip sind auf Grundlage pneumatischer Aktuierung umgesetzt. Bei diesen Ventilen werden durch eine Druckbeaufschlagung auf mikrofluidische Kanalstrukturen (die sogenannten Steuerleitungen) PDMS- (Polydimethylsiloxan) Membranen auf dem mikrofluidischen Chip ausgelenkt, wodurch andere mikrofluidischen Kanäle versperrt werden. Mit Hilfe dieses Ansatzes wurden bereits komplexe mikrofluidische Systeme realisiert, mit denen z. B. Zellisolierung, Zelllyse, Aufreinigung von mRNA (Boten-RNA, Boten-Ribonukleinsäure), sowie Synthese und Aufreinigung von cDNA (komplementäre DNA) auf einem Bauteil durchgeführt werden konnten [6]. Der Nachteil bei der Verwendung solcher extern aktuierten pneumatischen Mikroventile besteht darin, dass für jedes individuell anzusteuernde Ventil auf dem Chip (on-chip Ventil) ein extern angeordnetes pneumatisches Druckventil notwendig ist, das verwendet wird, um die jeweilige Steuerleitung unter Druck zu setzten. Dadurch steigen sowohl die Kosten als auch die Komplexität des Gesamtaufbaus enorm an. Konstruktiv werden daher häufig mehrere on-chip Ventile über dieselbe Steuerleitung betrieben. Dadurch verliert das Ventilsystem jedoch die Möglichkeit zur individuellen Steuerung des einzelnen Ventils. Im Idealfall möchte man mit einem Signal (x) genau einen Aktor bzw. ein Ventil (y) steuern, also x=y=1. So kann der Fluss im System individuell geregelt werden. Durch die Ansteuerung mehrerer Ventile über eine gemeinsame

Steuerleitung ergibt sich der Fall, dass x:y<1. Bei in der Literatur beschriebenen Systemen werden z. B. mit einer Steuerleitung 10 bis 100 Ventile angesteuert [7], wodurch das Verhältnis von x:y nur noch bei 0,1 bis 0,01 liegt. Das mikrofluidische System verliert dadurch sehr viele Freiheitsgrade bei der individuellen Steuerung des Flusses im System.

Um die Steuerung mehrerer Ventile über eine Steuerleitung bei Systemen mit einer großen Anzahl von benötigten Ventilen zu verhindern, können Ventile verwendet werden, bei denen eine direkte Umwandlung des Steuersignals in einen Aktorhub stattfindet. Durch das Eliminieren der zusätzlich benötigten externen Komponente kann der Gesamtaufbau deutlich kompakter gestaltet werden. Als Beispiele für solche Ventile können piezoelektrische Ventile, Ventile auf der Basis von Formgedächtnislegierungen oder Bimetallen sowie elektrisch oder magnetisch gesteuerte Ventilkonzepte angeführt werden.

Eine besonders kostengünstige und skalierbare Form von Mikroventilen kann auf der Grundlage von thermisch aktivierten Phasenübergängen (Änderung des Aggregatzustandes) realisiert werden. Bei diesen Ventilen wird durch den Phasenübergang eines Materials und seiner Volumenausdehnung während dieses Überganges ein Aktorhub erzeugt, der einen mikrofluidischen Kanal versperrt bzw. es kommt zu einer direkten Blockade des Kanals durch ein sich im Kanal befindliches Medium, welches einen Phasenübergang vollzieht. Man spricht in diesen Fällen von indirekten bzw. direkten Phasenübergangsventilen. Der Phasenübergang eines Mediums von fest nach flüssig kann unter anderem durch die Zufuhr von Wärme erfolgen. Erfolgt diese Zufuhr der thermischen Energie z. B. durch die Erzeugung von Wärme in Ohm'schen Widerständen, so ist durch eine geeignete Anordnung der Widerstände eine kostengünstige und einfache individuelle Ansteuerung vieler Ventile möglich.

Im Rahmen dieser Arbeit sollte eine Plattform für eine große Anzahl an individuell ansteuerbaren thermischen Mikroventilen entwickelt werden. Der Funktionsnachweis dieser Plattform sollte mit verschiedenen thermischen Phasenübergangsventilen bestätigt werden. Die Arbeit gliedert sich in sieben Kapitel. In Kapitel 2 werden zunächst theoretische Grundlagen der Mikrofluidik sowie der Mikroventile im Allgemeinen und der Phasenübergangsventile im Speziellen erläutert. Die verwendeten Materialien sowie die angewandten Methoden und Fertigungsverfahren werden in Kapitel 3 dargestellt. Das 4. Kapitel beschreibt die in dieser Arbeit entwickelte Ventilplattform, ihre Ansteuerung und die auf ihr realisierten Ventil- bzw. Aktortypen. Des Weiteren wird in diesem Kapitel eine im Rahmen dieser Arbeit entwickelte Methode zur Verbindung von Epoxiden mit Polydimethylsiloxanen vorgestellt. Im 5. Kapitel werden die Ergebnisse dieser Arbeit präsentiert und diskutiert. Auf Probleme, welche sich bei dieser Arbeit ergeben haben, Lösungsvorschläge sowie weitere Arbeiten wird in Kapitel 6 eingegangen. Die Arbeit schließt mit einer Zusammenfassung in Kapitel 7 ab.

2. Theoretische Grundlagen

2.1 Mikrofluidik

Bei mikrofluidischen Systemen handelt es sich nach der Definition von Ngyuen und Wereley um Systeme, in denen sich das Verhalten der Fluide auf Grund der geringen Ausdehnung des Systems vom Verhalten konventioneller Fließsysteme unterscheidet [8]. Die entscheidende Größe für die Zuordnung zu einem mikrofluidischen System ist hierbei nicht die Gesamtlänge des Kanals, sondern die Größe des Querschnitts, welcher entscheidend die Fließeigenschaften beeinflusst und kleiner als 1 mm² sein sollte. Melin und Quake sprechen von Mikrofluidik als der Manipulation des fluidischen Verhaltens von Flüssigkeiten mit Volumina im Nanoliterbereich oder weniger [6].

Im Folgenden wird zunächst ein kurzer Überblick über die Entwicklung der Mikrofluidik gegeben. Im Anschluss daran werden die wichtigsten fluidmechanischen Zusammenhänge in der Mikrofluidik erläutert und das Konzept der indirekten Mikrofluidik beschrieben.

2.1.1 Historische Entwicklung

Mitte bis Ende der 70er Jahre des letzten Jahrhunderts wurden die ersten miniaturisierten Gaschromatographiesysteme vorgestellt, die als erste mikrofluidische Systeme betrachtet werden können [9]. Die ersten in großem Maßstab kommerziell erhältlichen mikrofluidischen Produkte waren die Düsenarrays der Druckköpfe von Tintenstrahldruckern [10]. Bis Ende der 80er Jahre war die Mikrofluidik stark auf die Entwicklung von mikrofluidischen Sensoren, Mikropumpen und Mikroventilen fokussiert und wurde als Teilgebiet der klassischen Mikrostrukturtechnik betrachtet. Hierbei wurde vor allem der Ansatz der Miniaturisierung bereits bekannter Prinzipien verfolgt [8]. Ab Mitte der 90er Jahre wurden zunehmend auch neue Aktuierungsmechanismen für die Mikrofluidik entwickelt. Auf Grund der Einschränkungen von Größe und Energie sollten keine bzw. kaum bewegte mechanische Teile verwendet und vorwiegend nichtmechanische Pumpprinzipien entwickelt werden. Es wurden zunehmend Effekte untersucht, die auf makroskopischer Ebene vernachlässigbar sind, wie z. B. der Antrieb durch elektromagnetische Kräfte, die Oberflächenspannung, akustische Gleichströmung oder Elektroosmose [8, 10]. Ein weiterer wichtiger Schritt wurde ab Mitte der 90er Jahre vollzogen, als zunehmend Kunststoffe anstelle von Silizium und Glas zum Einsatz kamen. Dieser Ansatz sollte der Forderung nach Einwegtauglichkeit mikrofluidischer Bauteile gerecht werden, da durch die Abformung dieser Bauteile von einem Siliziummaster eine schnelle und billige Herstellung vieler Bauteile ermöglicht wurde. Hierbei war zwar die Integration von aktiven Bauteilen und Sensoren im mikrofluidischen System nur schwer möglich, diese war aber zunächst auch nicht zwingend erforderlich [8]. Außerdem wurde es durch die Entwicklung einfacherer Methoden zur Herstellung von Bauteilen, z. B. mittels Soft Lithography, leichter, verschiedene Elemente, z. B. zur Aufreinigung und Analyse von Proben, auf einem Chip zu integrieren. Diese Art der integrierten Analysesysteme werden als miniaturisierte Gesamtanalysesysteme (μTAS) oder auch als Lab-on-a-chip (LOC) Systeme bezeichnet [10]. Durch die Verwendung neuer Materialien kam es zunehmend zur Entwicklung neuer Techniken zur Bearbeitung, wie z. B. dem Mikrofräsen, der Mikrozerspanung, der Laserbearbeitung oder dem Laminieren von Kunststoffen [8].

2.1.2 Fluidmechanik

Einen Einfluss auf das Strömungsverhalten von Fluiden in Kanälen hat zum einen die Dichte des Fluids (ρ) sowie seine dynamische (η) bzw.

kinematische (v) Viskosität, zum anderen aber auch der hydraulische Durchmesser (D_h) des Kanals. Ein Zusammenhang zwischen diesen Größen und der mittleren Geschwindigkeit (u) des Fluids im Kanal wird durch die Reynoldszahl (Re) beschrieben, die nach ihrem Entdecker Osborne Reynolds benannt ist [11].

$$Re = \frac{\rho u D_h}{\eta} = \frac{u D_h}{v} \qquad (1)$$

Der hydraulische Durchmesser hängt von der Querschnittsfläche des Kanals (A) sowie dem von Flüssigkeit benetzten Umfang (U) ab [8]. Für einen rechteckigen Querschnitt ergibt sich somit der folgende Zusammenhang in Abhängigkeit der beiden Seitenlängen a und b:

$$D_h = \frac{4A}{U} = \frac{4ab}{2(a + b)} \qquad (2)$$

Bei Reynoldszahlen, die sehr viel kleiner als 1 sind, dominieren die viskosen Effekte des Fluids und es kommt zur Ausbildung einer laminaren Strömung. Ist die Reynoldszahl rund 1 sind die viskosen Effekte vergleichbar mit den Trägheitseffekten im Fluid. Bei Reynoldszahlen, die sehr viel größer sind als 1 sind, dominieren die Trägheitseffekte. Ab einem kritischen Wert, der in der Literatur von Nguyen und Wereley mit 1500 angegeben wird [8], kommt es zur Ausbildung einer turbulenten Strömung. Für die meisten mikrofluidischen Systeme sind jedoch die Fließgeschwindigkeiten im Vergleich zum hydraulischen Durchmesser hinreichend klein, sodass von einem laminaren Fluss ausgegangen werden kann [8].

Ein weiterer Unterschied zwischen mikroskopischem und makroskopischem Fließverhalten zeigt sich im Geschwindigkeitsprofil des Fluids im Kanal. Im makroskopischen geht man von der Annahme aus, dass die Geschwindigkeit an der Wand 0 beträgt. Im mikroskopischen hingegen hat die Wand einen zunehmenden Einfluss auf den Fluss, es kommt hier zum Abgleiten des Fluids an der Wand. Dieser Effekt wird auch slip genannt. Die Geschwindigkeit des Fluids an der Wand unterscheidet sich hier von der Geschwindigkeit der Begrenzung und beträgt demnach an der Wand nicht 0 [8]. Durch dieses Abgleiten an der Wand kommt es zu einer Verschiebung des gesamten Geschwindigkeitsprofils im Kanal entlang der Fließrichtung [10].

Die Druckdifferenz (Δp), welche benötigt wird, um das Fluid im Kanal zu bewegen, ist abhängig von der Fließgeschwindigkeit (u), der Querschnittsfläche des Kanals (A), der dynamischen Viskosität (η) sowie der Länge des Kanals (L):

$$\Delta p \sim \frac{u\eta L}{A} \tag{3}$$

2.1.3 Indirekte Mikrofluidik

Die Methode der indirekten Mikrofluidik wurde erstmals von Rapp et al. vorgestellt [12]. Hierbei wird ein Mittlermedium eingeführt, welches mit dem fluidischen Medium im System, im Allgemeinen dem zu untersuchenden Analyten, nicht mischbar ist. Die Nicht-Mischbarkeit wird über Dichteunterschiede zwischen den beiden Medien sowie durch die Verwendung von Medien mit unterschiedlichen Polaritäten erreicht. So kommt zum Beispiel bei einem wässrigen Analyten ein Öl als Mittlermedium zum Einsatz. Der Austausch des Mittlermediums mit dem Analyten erfolgt über einen Fluidtauscher (siehe Abbildung 1). Durch Einführung des Mittlermediums und Einsatz der Fluidtauscher können die teureren, aufwendiger herzustellenden aktiven Komponenten (z. B. Pumpen oder Ventile) von den passiven Komponenten, wie z. B. den Kanälen, getrennt werden. Die aktiven Komponenten befinden sich dabei räumlich getrennt von den Bauteilen, auf denen die Analyse durchgeführt wird. Wird, geregelt durch Pumpen und Ventile, ein Volumenstrom des Mittlermediums in den jeweiligen Fluidtauscher eingebracht, so fließt, bedingt durch die Inkompressibilität der verwendeten Flüssigkeiten, die gleiche Menge Analyt in die, dem jeweiligen Fluidtauscher zugeordneten, passiven Bauteile des mikrofluidischen Gesamtsystems. Somit ist es möglich die passiven Komponenten kostengünstig als Wegwerfprodukte herzustellen, da nur diese mit dem Analyten in direktem Kontakt stehen. Die aktiven Komponenten hingegen sind wiederverwendbar, da diese nur mit dem Mittlermedium in Kontakt sind. Auf diesem Wege entfällt eine teure Reinigung des Gesamtsystems bzw. die aktiven Komponenten müssen nicht jedes Mal ausgetauscht werden.

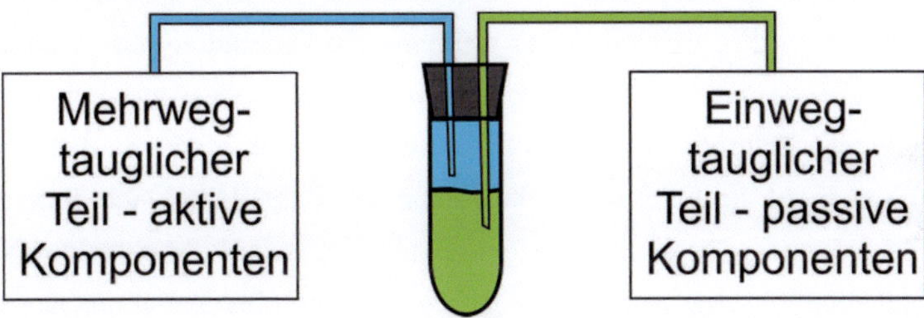

Abbildung 1: Schematische Darstellung des Prinzips der indirekten Mikrofluidik mittels Fluidtauschern. Die aktiven bzw. mehrwegtauglichen Komponenten sind räumlich von den einwegtauglichen bzw. passiven Komponenten getrennt. Die fluidische Verknüpfung zu einem System erfolgt über Fluidtauscher: blau - Mittlermedium, grün - fluidisches Medium des Systems (Analyt).

2.2 Mikroventile

Bei einem Ventil handelt es sich um ein Bauteil zur Regulierung von Flüssen in fluidischen Systemen. Mikroventile kommen demnach zur Steuerung von Fluidströmen in mikrofluidischen Systemen zum Einsatz. Ventile sind ein drucktragendes mechanisches Bauteil bestehend aus einem Gehäuse, welches das Fluid führt und einem Ventilsitz. Bei aktiven Ventilen gibt es außerdem einen Aktor, der den Ventilsitz antreibt [8].

Das Mikroventil spielt für die Mikrofluidik die gleiche wichtige Rolle wie der Transistor in der Halbleitertechnik [6]. Vergleichbar mit Transistoren können Ventile zur analogen oder digitalen Kontrolle des Fluidstroms eingesetzt werden. Bei der analogen Kontrolle wird vom Aktor die Lücke zwischen dem Ventilsitz und dem Gehäuse variiert, sodass es zu einer, dem Steuersignal proportionalen, Änderung des Flusswiderstandes und der Flussrate im Kanal kommt. Bei der digitalen Kontrolle hingegen ist der Kanal entweder offen oder komplett geschlossen.

Neben der Entwicklung und Einteilung der Mikroventile in verschiedene Kategorien, in Abhängigkeit ihrer Aktivierung, wird in den nächsten Abschnitten auch auf deren Integration und Skalierbarkeit eingegangen. Unter Integration wird in diesem Zusammenhang die Einbindung der Ventile in das bestehende mikrofluidische System verstanden, sodass möglichst keine zusätzlichen externen Komponenten notwendig sind. Unter Skalierbarkeit wird hier nicht die Funktionsbeibehaltung des Bauteils bei sich ändernder Größe verstanden, sondern die Möglichkeit, die Anzahl der einzelnen Ventile mit möglichst geringem Aufwand zu erhöhen, ohne dabei das Konzept der Ansteuerung oder die Funktionsfähigkeit der einzelnen Ventile zu beeinträchtigen oder zu ändern.

2.2.1 Entwicklung und Einteilung der Mikroventile

Das erste Mikroventil wurde 1979 von Terry et al. vorgestellt. Hierbei handelte es sich um ein elektromagnetisch angetriebenes Mikroventil in einem Mikrofluidiksystem zur Gaschromatographie (siehe Abschnitt 2.1.1) [9]. Ähnlich der allgemeinen Entwicklung in der Mikrofluidik gab es bis in die 90er Jahre hauptsächlich MEMS-basierte Mikroventile. Ab der Jahrtausendwende wurden auch zunehmend neue, nicht klassische, Methoden in der Entwicklung von Mikroventilen eingesetzt. So kam es beispielsweise zur Entwicklung von Phasenübergangsventilen, der Ansteuerung mittels einer externen Pneumatik oder dem Ausnutzen von Kapillaritätseffekten [13]. Mikroventile können unterschiedlich eingeteilt werden. Eine geeignete Klassifizierung unterscheidet zwischen:

- normalweise offenen (engl. normally open, N.O.) Ventilen, also Ventilen, die ohne Aktivierung/Energiezufuhr offen sind

- normalerweise geschlossen (engl. normally closed, N.C.) Ventilen, also Ventilen, welche ohne Aktivierung/Energiezufuhr den Kanal versperren und

- bistabilen Ventilen, d. h. Ventilen die lediglich zum Umschalten ihres Zustands einen kurzen Energiepuls benötigen [8, 13].

Eine alternative Einteilung kann gemäß der Art des Aktors erfolgen. Dabei werden passive und aktive Ventile unterschieden. Letztere werden wiederum danach unterteilt, ob sie z. B. mechanisch, nichtmechanisch oder extern angetrieben werden. Eine Einteilung der gängigsten Ventiltypen anhand ihres Aktivierungsmechanismus wird in Tabelle 1 vorgenommen.

Aktorprinzip	Funktionsweise des Aktors	Art der Aktivierung	Ventiltyp
Aktiv	Mechanisch	Magnetisch	Externes Magnetfeld [9]
			Integrierte magnetische Spulen [14]
		Elektrisch	Elektrostatisch [15]
			Elektrokinetisch [16]
		Piezoelektrisch [17]	
		Thermisch	Bimetall [18]
			Thermopneumatisch [19]
			Formgedächtnislegierung [20]
		Bistabil [21]	
	Nichtmechanisch	Elektrochemisch [22]	
		Phasenübergang	Hydrogel [23]
			Sol-Gel [24]
			Paraffin [25]
		Rheologisch	Elektrorheologisch [26]
			Ferrofluide [27]
	Extern	Modular	Eingespannt [28]
			Rotierend [29]
		Pneumatisch	Membran [30]
			Linear [31]
Passiv	Mechanisch	Absperrventil	Klappe [32]
			Membran [33]
			Kugel [34]
			Bewegliche Struktur im Kanal [35]
	Nichtmechanisch		Diffuser [36]
		Kapillarität	Abrupt [37]
			Flüssigkeitsgeregelt [38]
			Durchbrechen [39]
			Hydrophob [40]

Tabelle 1: Einteilung der Mikroventile nach ihrem Aktivierungsmechanismus nach [13].

Abhängig von der Art ihres Einsatzgebietes lassen sich verschiedene Anforderungen an Mikroventile formulieren [8, 13]. Hierzu gehören:

- die Dichtigkeit des Ventils bzw. sein Leckverhalten (ausgedrückt in der dimensionslosen Größe L_{valve}), welches sich in Abhängigkeit von der Flussrate mit geschlossenem Ventil $\dot{Q}_{closed}$ und geöffnetem Ventil $\dot{Q}_{open}$ ergibt:

$$L_{valve} = \frac{\dot{Q}_{closed}}{\dot{Q}_{open}} \qquad (4)$$

- die Ventilkapazität C_{valve} bzw. die Durchflusskapazität (wobei der Durchfluss das Volumen bzw. die Masse des Fluids angibt, die sich in einer Zeiteinheit durch den Querschnitt des Ventils bewegt) welche von der maximalen Flussrate $\dot{Q}_{max}$ durch das Ventil, seiner charakteristischen Länge L (hydraulischer Durchmesser), der Druckdifferenz im Ventil Δp_{max} sowie der Dichte des Fluids ρ und der Gewichtskraft g abhängt:

$$C_{valve} = \frac{\dot{Q}_{max}}{\sqrt{\dfrac{\Delta p_{max}}{L \rho g}}} \qquad (5)$$

- das Totvolumen im Ventilaufbau, welches üblicherweise so klein wie möglich sein sollte
- der Energieverbrauch, also die Energie die benötigt wird um den aktiven Zustand zu halten
- die Schließkraft oder auch Druckbeständigkeit
- der Temperaturbereich, der sehr stark vom verwendeten Material und dem Aktivierungskonzept abhängig ist
- die Reaktionszeit zum Schalten des Ventils

- die Betriebssicherheit des Ventils
- die Biokompatibilität der verwendeten Materialien sowie des Aktorprinzips
- die chemische Beständigkeit gegen die eingesetzten fluidischen Medien sowie
- die Einwegtauglichkeit

2.2.2 Integration und Skalierbarkeit von Mikroventilen

Ebenso wie in anderen Bereichen der Miniaturisierung spielt auch in der Mikrofluidik und bei den Mikroventilen die Integration der einzelnen Bauteile sowie deren Skalierbarkeit zu einer hohen Anzahl von Bauteilen eine wichtige Rolle. Hierbei muss sowohl das Aktorprinzip an sich skalierbar sein als auch der komplette Ventilaufbau. Bei der Skalierbarkeit des Aktorprinzips ist darauf zu achten, dass es z. B. nicht zu Problemen bei elektrisch gesteuerten Aktoren durch zu hohe Ströme bzw. Spannungen kommt oder zu Druckabfällen bei pneumatischen Aktoren. Für die Skalierbarkeit des kompletten Ventilaufbaus ist es wichtig, dass das Ventil durch wenige Arbeitsschritte aufgebaut und eine hybride Fertigung vermieden werden kann. Darüber hinaus ist die Verwendung kostengünstiger Materialien zu bevorzugen um einen linearen Kostenanstieg mit der Anzahl der Ventile zu verhindern.

Wenn man als Analogie die Halbleitertechnik betrachtet, so wird folgender Vergleich offensichtlich: Bis Mitte der 50er Jahre wurde jedes elektronische Bauteil separat gelötet. Zwar gab es Schaltkreise mit mehreren tausend Bauteilen, aber deren Herstellung war teuer und aufwendig. Beim Aufbau eines Schaltkreises aus mehreren einzelnen Komponenten steigt die Fehleranfälligkeit des Gesamtsystems, da bereits eine kalte Lötstelle den gesamten Schaltkreis unbrauchbar machen kann. Diese Probleme konnten Ende der 50er Jahre durch die Entwicklung des integrierten Schaltkreises gelöst werden [7].

In der Mikrofluidik verlief die Entwicklung ähnlich. Bis Ende der 90er Jahre wurden lediglich verschiedene Anwendungen, wie z. B. enzymatische Essays oder PCR miniaturisiert. Diese Miniaturisierung beschränkte sich aber lediglich auf einzelne Funktionen im Gesamtsystem, vergleichbar mit einzelnen Komponenten in einem Schaltkreis. Zunehmend wurde die Notwendigkeit erkannt, alle Komponenten in ein System zu integrieren, vor allem um Nachteile wie das Totvolumen, Transfervolumina zwischen den einzelnen Bauteilen oder Probleme beim Aufbau hybrider Systeme aus unterschiedlichen Materialien zu minimieren. Dabei ist zu beachten, dass sich nicht alle Ventiltypen hochdicht integrieren und auf eine hohe Anzahl von Mikroventilen skalieren lassen. So sind z. B. die auf herkömmlichen siliziumbasierten Techniken bestehenden Ventile auf Grund der Steifigkeit des Materials und der erforderlichen Kraft zum Schließen des Ventils in der Miniaturisierung beschränkt. Außerdem ist der schichtweise Aufbau aktiver Komponenten in Silizium, durch die auftretenden Spannungen zwischen den Schichten während der Materialbearbeitung, auf eine Bauteilhöhe von ca. 20 µm limitiert [31]. Im Allgemeinen haben mechanisch aktivierte Mikroventile auf Grund ihres schichtweisen Aufbaus den Nachteil, dass es meistens zu unerwünschten Leckströmen kommt und bei ihrer Herstellung auf Grund der komplizierten Struktur hohe Kosten entstehen [13]. Auch Ventile, welche auf einer externen Steuerung beruhen, z. B. einer externen Druckquelle bei pneumatischer Aktivierung, scheinen für kompakte Anwendungen und Aufbauten nicht vorteilhaft zu sein [8]. Bei der Verwendung von elektrischen oder piezoelektrischen Aktoren für den Aufbau eines Ventils kann es auf Grund der benötigten hohen Spannungen zu Problemen bei der Integration in mikrofluidische Systeme kommen, des Weiteren sind diese Aktortypen auf Grund der benötigten hohen Spannungen auch nicht problemfrei in beliebiger Zahl skalierbar [8]. Ein weiteres Problem bei der Integration von Aktoren in komplexe mikrofluidische Systeme kann sich durch Gasentwicklung während der Aktivierung ergeben, wie sie z. B. bei Ventilen auf Basis von Elektroosmose auftritt [31].

Von Unger et al. wurde im Jahr 2000 eine alternative Fertigungsstrategie für die Herstellung vollständiger mikrofluidischer Systeme vorgestellt [31]. Hierbei war zunächst die Entwicklung eines integrierbaren monolithischen Ventils, welches in einem Fertigungsschritt mit dem mikrofluidischen Gesamtsystem hergestellt wurde, entscheidend. Als Material für die mikrofluidischen Strukturen wurde PDMS (siehe hierzu Abschnitt 3.3.1.1) verwendet. Bei PDMS handelt es sich um ein elastisches Material, das sich sehr gut eignet, mikrofluidische Strukturen mittels Abformung (Soft Lithography) herzustellen. Des Weiteren lassen sich mehrere Ebenen solcher Strukturen in PDMS auf verschiedene Arten miteinander verbinden (siehe Abschnitt 3.3.2), sodass es ohne Probleme möglich ist, mehrschichtige Systeme zu realisieren. Die Grundstruktur des Mikroventils besteht aus sich kreuzenden Kanälen, welche durch eine dünne PDMS-Membran voneinander getrennt sind (siehe Abbildung 2), daher werden diese Ventile auch als Membranventile bezeichnet. Wenn der obere Kanal (Kontrollkanal) mit Druck beaufschlagt wird, kommt es zu einer Auslenkung der Membran nach unten. Auf diese Weise wird der untere Kanal (mikrofluidischer Kanal) verschlossen. Wird der Druck auf dem Kontrollkanal entfernt, nimmt die Membran wieder ihre Ausgangsposition ein und der mikrofluidische Kanal ist offen.

Mit dieser Methode wurde ein einfaches und kostengünstiges Ventil hergestellt, welches direkt im mikrofluidischen Aufbau integriert ist. Damit wurde auch die Möglichkeit gegeben, eine Vielzahl von diesen Ventilen in ein mikrofluidisches System zu integrieren, um komplexe Funktionen auszuführen. Für diese Entwicklung wurde 2002 von Thorsen et al. der Begriff der ‚microfluidic large-scale integration‘ geprägt.

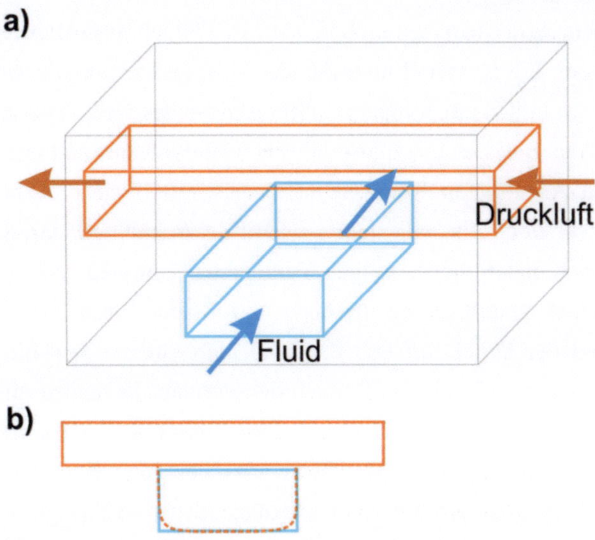

Abbildung 2: Schematische Darstellung der Funktionsweise eines pneumatisch aktivierten Membranventils. a) Kreuzweise Anordnung des mikrofluidischen Kanals (hellblau) und des Kontrollkanals (orange), welcher mit Druckluft beaufschlagt werden kann. Die Kanäle befinden sich in einem Bauteil hergestellt aus PDMS und sind lediglich durch eine dünne Membran voneinander getrennt. b) Darstellung des Schaltprinzips. Ohne das Anlegen von Druckluft auf den Kontrollkanal kommt es zu keiner Überschneidung der beiden Kanäle. Wird allerdings an den Kontrollkanal ein Druck angelegt, so kommt es zu einer Deflektion der Membran (orange gestrichelte Linie), welche die beiden Kanäle voneinander trennt, und der mikrofluidische Kanal wird verschlossen.

2.2.3 Microfluidic large-scale integration

Mit den pneumatisch aktivierten Membranventilen wurden erstmals integrierte mikrofluidische Systeme ausgeführt, welche in der Lage waren eine hohe Anzahl von mikrofluidischen Strukturen, wie beispielsweise Reaktionskammern, auf einem Chip mit wenigen Anschlüssen zur Außenwelt zu verbinden. Somit konnte das Konzept eines mikrofluidischen Schaltkreises umgesetzt werden. Die Ansteuerung der einzelnen Strukturen, beispielsweise einem Array von mehreren hundert individuell auswählbaren Reaktionskammern, erfolgt mit Hilfe tausender Ventile. Die Ventile und Reaktionskammern bilden ein komplexes mikrofluidisches Netzwerk und werden meist auf der Basis eines mikrofluidischen Multiplexers mit einer kleinstmöglichen Anzahl von Kontrollkanälen beschaltet (siehe Abbildung 3). Jeweils zwei Kontrollkanäle stellen ein Bit der Schaltlogik dar, da bei diesen beiden Kanälen die jeweiligen Ventilzonen komplementär angeordnet sind. In einer Ventilzone besitzt der Kontrollkanal einen breiteren Querschnitt und der Druck auf den Kontrollkanal wird so gewählt, dass die Membran lediglich in diesem Bereich den darunter liegenden mikrofluidischen Kanal vollständig verschließt. Der Zusammenhang zwischen der Anzahl der mikrofluidischen Kanäle/zu adressierenden Reaktionskammern n und der benötigten Anzahl von Kontrollkanälen k wird in (6) angegeben. Es können also mit z. B. 20 Kontrollkanälen 1024 mikrofluidische Kanäle angesteuert werden.

$$k = 2log_2 n \qquad\qquad (6)$$

Eine andere Variante von Membranventilen wird von Grover et al. vorgeschlagen [41]. Hierbei handelt es sich um bistabile pneumatisch aktuierte Ventile. Bei diesem Ventil befindet sich eine Diskontinuität im Kanal (Ventilsitz) über einer Kontrollkammer, die mittels einer PDMS-Membran verschlossen ist (siehe Abbildung 4). Im Normalzustand, also bei atmosphärischem Gegendruck in der Kontrollkammer ist der Kanal geschlossen. Liegt an dem mikrofluidischen Kanal Druck an, kann der Kanal durch einen zusätzlichen Druck in der Kontrollkammer weiterhin versperrt bleiben. Durch das Anlegen eines Vakuums an diese Kammer wird die Membran nach unten ausgelenkt und der Kanal ist offen.

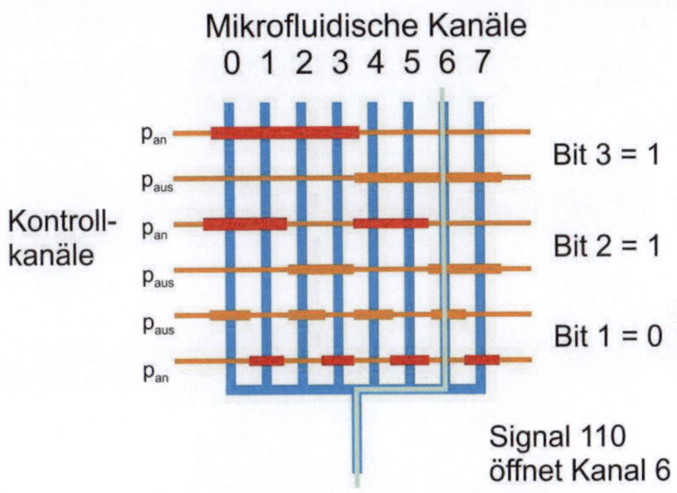

Abbildung 3: **Schematische Darstellung eines mikrofluidischen Multiplexers nach [7]. Jeweils zwei Kontrollkanäle sind für die Steuerung eines Bits zuständig. Durch das Setzten eines Bit auf 0 oder 1 wird entweder der untere Kontrollkanal der beiden mit Druck beaufschlagt oder der obere. Wenn der Kontrollkanal mit Druck beaufschlagt wird, schließt das jeweilige Ventil (rot) und versperrt den fluidischen Kanal, ansonsten bleibt er offen. Im Bild ist als Beispiel die Ventilansteuerung für das Signal 110 angegeben. Wie man erkennen kann, ist in diesem Fall der Fluss im Kanal 6 vollständig ungehindert (hellblau), während in allen anderen Kanälen mindestens ein Ventil den Fluss versperrt. Es kann also über jede Kombination von 0 und 1 für die einzelnen Bits genau ein Kanal angesteuert werden.**

Mit Hilfe von zwei zusätzlichen Logikventilen, die dafür sorgen, dass an der Kammer entweder ein Vakuumpuls oder ein Druckpuls anliegen, wird das bistabile Ventil in seinen jeweiligen Schaltzustand gebracht. Die Logikventile werden mit Hilfe von externen Magnetventilen beschaltet. Die Anordnung der Logikventile erfolgt auf sogenannten Kontrollkanälen nach dem Prinzip eines Demultiplexers, der manchmal auch als Binärbaum bezeichnet wird (siehe Abbildung 5).

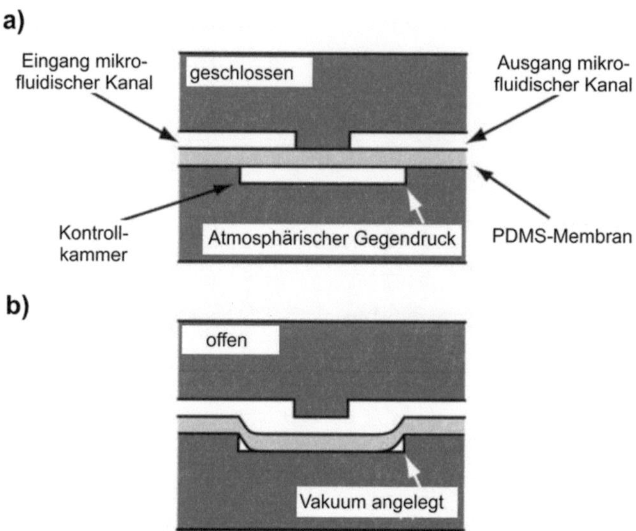

Abbildung 4: Schematische Darstellung der Funktionsweise eines pneumatischen Membranventils nach Grover et al. [41]. Der fluidische Kanal besitzt eine Diskontinuität und ist mit einer PDMS-Membran von einer Kontrollkammer abgegrenzt. a) Bei atmosphärischen Gegendruck oder einem zusätzlichen Druck an der Kontrollkammer bleibt der Kanal geschlossen. b) Durch das Anlegen eines Vakuums an die Kontrollkammer wird die Membran ausgelenkt und der fluidische Kanal geöffnet.

Dadurch wird es möglich mit n externen Ventilen (wobei jedes Ventil einer Kontrollleitung zugeordnet ist) eine Gesamtzahl von 2^n unabhängige bistabile Ventile anzusteuern. Dabei wird sequentiell jedem einzelnen der Ventile jeweils kurz ein Vakuum- bzw. Druckpuls gegeben und dann das nächste Ventil beschaltet. Pro Kombination der Kontrollleitungen (Schaltmuster) kann jeweils ein Ventil gesetzt werden, für das Setzen von 8 Mikroventilen wird ca. 1 s benötigt, da die Ventile aber bistabil sind können beliebige Muster von geöffneten/geschlossen Ventilen innerhalb kurzer Zeit erzeugt werden.

Mit den Membranventilen ist es also möglich, eine hohe Anzahl von Mikroventilen auf einem Bauteil zu integrieren.

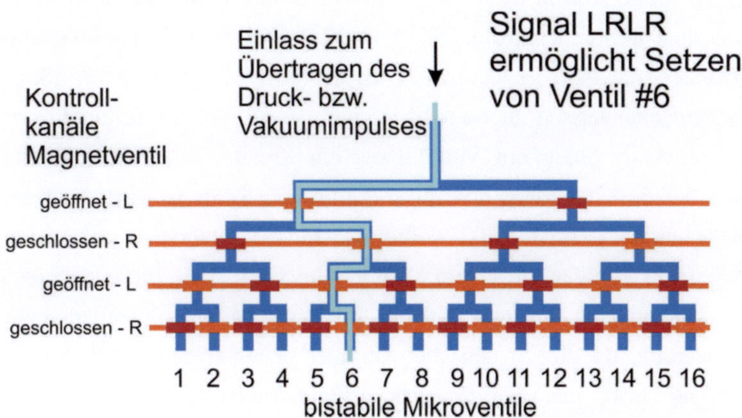

Abbildung 5:   Schematische Darstellung eines mikrofluidischen Demultiplexers nach [41]. Jeweils ein Kontrollkanal wird für die Steuerung einer Stufe des Demultiplexers benötigt. Durch das Öffnen bzw. Schließen eines Magnetventils werden entweder die ungeraden (linken, L) oder geraden (rechten, R) Ventile durch Anlegen eines Vakuums geöffnet. Die anderen Ventile einer Stufe werden unter Druck gesetzt und bleiben geschlossen (rot). Im Bild ist als Beispiel die Ventilsteuerung für das Signal LRLR gezeigt. Wie man erkennen kann ist in diesem Fall der Kanal zu Ventil 6 vollständig ungehindert (hellblau), während alle anderen Kanäle durch mindestens ein Ventil versperrt sind. Es kann also über jede Kombination von der Schalterstellung der Magnetventile (geöffnet oder geschlossen) genau ein bistabiles Ventil angesteuert werden.

Für alle Systeme mit mehreren Mikroventilen gilt immer der Zusammenhang, dass das Verhältnis von Aktorik und Ventil mit x:y verknüpft ist. Hierbei beschreibt x die Anzahl der externen und individuell adressierbaren Kontrollkanäle und somit die Anzahl der eigentlichen Aktoren während y die Anzahl der mikrofluidischen Ventile innerhalb des mikrofluidischen Systems wiedergibt. In den bisher vorgestellten Systemen, basierend auf dem Konzept der microfluidic large-scale integration ist x stets sehr viel kleiner als y (siehe z. B. Abbildung 5, in der x = 4 und y = 16). Es gibt bei diesen Konzepten der Integration von Membranventilen auf dem mikrofluidischen Chip und einer Ansteuerung über externe pneumatische Ventile zwar eine große Anzahl dieser Membranventile auf dem Chip, aber diese sind nur über wenige Kontrollkanäle beschaltet und somit nicht unabhängig voneinander steuerbar. Es kann zwar jedes Mikroventil bzw. jeder mikrofluidische Kanal separat angesteuert werden, aber zu einem Zeitpunkt immer jeweils nur genau ein Ventil bzw. ein Kanal. Eine größtmögliche Freiheit bei der Steuerung des mikrofluidischen Systems wird dann erreicht, wenn $x = y$. Im Idealfall sollte also für die Integration von vielen unabhängigen Ventilen auf einem Chip gelten: $x = y \gg 1$. Diese Anforderungen können von den pneumatisch aktivierten Membranventilen nicht erfüllt werden, da die Anzahl der externen pneumatischen Ventile auf Grund ihrer Größe, des Energieverbrauchs und den Kosten für den Einsatz in mikrofluidischen Systemen limitiert ist, womit auch die Anzahl der Membranventile auf dem Chip limitiert wäre.

Ein weiterer wichtiger Aspekt liegt in der Ansteuerung der einzelnen Ventile. Im Idealfall sollte jedes Ventil mit einer eigenen Ansteuerung ausgestattet sein. Somit kann beispielsweise der Nutzer das Schalten des Ventils auslösen (beispielsweise mittels eines elektrischen Steuersignals) und das Ventil schließt direkt, ohne viele Zwischenstufen. Dadurch entfallen zusätzliche Komponenten und das System kann dichter gepackt sein. Außerdem werden so zusätzliche Fehlerquellen direkt ausgeschlossen. Im Idealfall betätigt also der Anwender z. B. eine Schaltfläche auf der GUI (grafische Benutzeroberfläche) der Steuersoftware des Messrechners und dieser gibt direkt ein elektronisches Signal aus, das das Ventil verschließt oder öffnet. Auch hier können die bisherigen Systeme der large-scale integration die Idealbedingungen nicht erfüllen. Da bei dieser Methode zunächst ein elektrisches Signal an das externe Pneumatikventil gegeben wird. Dadurch wird ein Druckpuls auf die Steuerleitung gegeben und erst dieser sorgt für das Schließen des integrierten Mikroventils.

Die Aktivierung des Mikroventils sollte daher auf einem physikalischen Effekt erfolgen, der hochintegrierbar und skalierbar ist. So ist z. B. im Gegensatz zur Steuerung hoher elektrischer oder magnetischer Felder die lokale Erzeugung von Wärme durch einen Ohm'schen Widerstand solch ein Effekt. Des Weiteren ist die Integration und Adressierung einer Vielzahl von Ohm'schen Widerständen eine gängige Praxis in der Entwicklung elektronischer Schaltungen. Daher würde es sich anbieten, für die Integration von vielen individuell ansteuerbaren Ventilen, ein Ventil auszuwählen, welches durch einen thermischen Impuls aktiviert wird.

Für solch eine Aktivierung bieten sich z. B. thermisch aktivierte Phasenübergangsventile an. Diese Ventile haben einen geringen Platzbedarf und keine oder nur sehr wenige mechanisch bewegte Komponenten, wodurch eine gute Integration und dichte Packung ermöglicht wird. Des Weiteren wird für ihre Aktivierung lediglich ein Spannungspuls, der einen Ohm'schen Widerstand erwärmt, benötigt.

Phasenübergangsventile erfüllen somit alle Anforderungen für ein System mit einer hohen Anzahl integrierter, dichtgepackter und individuell adressierbarer Mikroventile. Im Rahmen dieser Arbeit wurde dieser Ventiltyp als Grundlage für die Entwicklung einer Plattform für eine Vielzahl individuell ansteuerbarer Mikroventile ausgewählt.

2.3 Phasenübergangsventile

Als Phasenübergangsventile werden Ventile bezeichnet, die auf Grund eines Phasenüberganges (engl. phase change, PC) einen mikrofluidischen Kanal verschließen bzw. öffnen. Diese Ventile können zum einen hinsichtlich ihres Phasenübergangsmediums, dem Medium welches das Verschließen des Kanals herbeiführt (z. B. Hydrogel, Paraffin), sowie der Aktivierung dieses Mediums, also dem Auslöser für den Phasenübergang (z. B. thermisch, Änderung des pH-Wertes) unterschieden werden. Eine weitere Einteilung der Phasenübergangsventile erfolgt hinsichtlich ihres

23

Aufbaus, im Besonderen im Hinblick auf die Anordnung des Phasenübergangsmediums zum mikrofluidischen Kanal.

Bei Phasenübergangsventilen auf der Basis eines Hydrogels wird als Aktivierungsmechanismus die Volumenausdehnung des Materials verwendet. Diese kann z. B. durch eine Änderung des pH-Wertes, des Glukosegehaltes, der Temperatur, des elektrischen Feldes, Licht, des Kohlenhydratgehaltes oder infolge der Bindung eines Antigens ausgelöst werden [13]. Als weitere Materialien kommen auch Sol-Gel-Systeme in Frage, bei denen die Verflüssigung durch Temperaturänderung eintritt. Darüber hinaus kommt auch Paraffin, das eine hohe Volumenänderung beim Schmelzen aufweist und im flüssigen Zustand leicht zu bewegen ist, als Phasenübergangsmedium zum Einsatz.

Wenn Phasenübergangsventile hinsichtlich ihres Aufbaus klassifiziert werden, unterscheidet man indirekte und direkte Ventile (siehe Abbildung 6). Bei indirekten Ventilen hat das Phasenübergangsmedium keinerlei Kontakt zum fluidischen Medium (dem Medium im mikrofluidischen System, das durch die Ventile gesteuert wird, auch Arbeitsmedium genannt) während es sich bei den direkten Ventilen direkt im mikrofluidischen Kanal befindet. Die direkten Ventilen lassen sich außerdem dahingehend unterscheiden, ob das Phasenübergangsmedium mit dem Arbeitsmedium identisch ist oder sich von diesem unterscheidet.

Eine wichtige Kenngröße für jede Art von Ventil ist seine Reaktionszeit. Bei den Phasenübergangsventilen wird hierunter die Zeit verstanden, welche vom Setzten des Signals zum Zustandswechsel bis zum vollständigen Erreichen dieses Wechsels vergeht. Dies trifft sowohl für das Öffnen als auch für das Schließen des Ventils zu.

In den nächsten Abschnitten wird genauer auf die unterschiedlichen Typen der Phasenübergangsventile eingegangen, wobei ein besonderer Fokus auf die Ventile gelegt wird, die durch eine Temperaturänderung aktiviert werden.

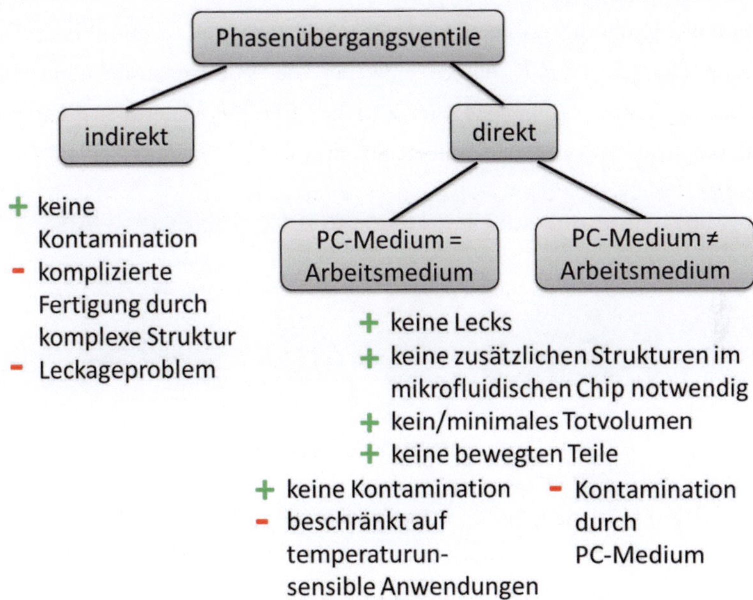

Abbildung 6: Einteilung der Phasenübergangsventile nach ihrem Aufbau und Darstellung der jeweiligen Vor- und Nachteile dieser Typen.

2.3.1 Indirekte Phasenübergangsventile

Indirekte Phasenübergangventile zeichnen sich dadurch aus, dass das Phasenübergangsmaterial (PC-Material) nicht direkt mit dem Arbeitsmedium im zu verschließenden Kanal in Berührung kommt. Bei den meisten Aufbauten wird das PC-Material durch eine Membran vom Arbeitsmedium im Kanal getrennt. Diese Membranen können aus unterschiedlichen Materialien wie z. B. PDMS [42-45], Parylen [25] oder Polyimid [46] bestehen. Bei nicht thermisch aktivierten Ventilen wird beispielsweise die Volumenausdehnung von acrylsäurebasierten Hydrogelen bei der Änderung des pH-Wertes ausgenutzt [44, 45]. Durch diese Volumenänderung wird die Membran ausgedehnt und versperrt, ähnlich wie in den pneumatisch aktivierten Membranventilen, den fluidischen Kanal. Thermisch aktivierte Phasenübergangsventile nutzen entweder die Volumenausdehnung während des Schmelzvorganges oder aber das flüssige Material wird in eine andere Position verschoben und erstarrt dort wieder (siehe Abbildung 7).

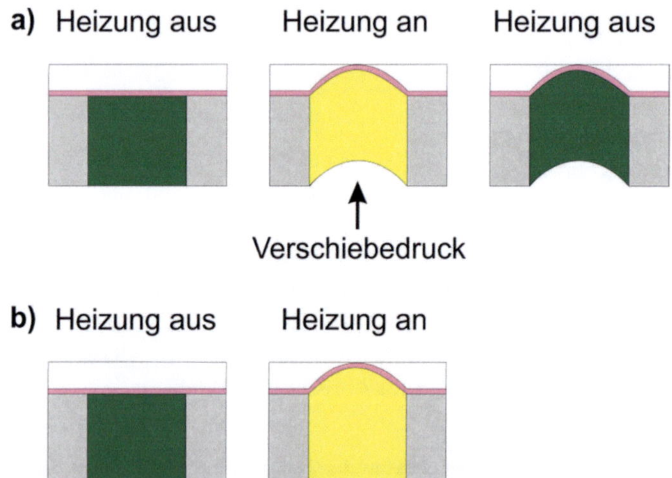

Abbildung 7: Allgemeine Funktionsprinzipen von indirekten thermischen Phasenübergangsventilen. a) Wenn das Ventil deaktiviert ist, ist der fluidische Kanal offen. Durch Schmelzen des PC-Materials und Anlegen eines Verschiebedrucks wird der fluidische Kanal durch Auslenkung der Membran zwischen Arbeitsmedium und PC-Material blockiert. Beim Erstarren des Materials bei angelegtem Druck bleibt die Auslenkung der Membran erhalten und der Kanal wird weiterhin blockiert. Das Ventil ist also bistabil. b) Bei deaktiviertem Ventil ist der fluidische Kanal geöffnet. Beim Schmelzen des PC-Materials erfährt dieses eine Volumenausdehnung, welche die Membran zwischen PC-Material und Arbeitsmedium soweit auslenkt, dass der fluidische Kanal blockiert wird. Grün - festes PC-Material, gelb - flüssiges PC-Material.

Für die Erzeugung der zum Schmelzen benötigten Wärme kommen überwiegend elektrische Heizer basierend auf dem Ohm'schen Prinzip zum Einsatz. Das Prinzip der Materialverschiebung wird z. B. bei Shaikh et al. ausgenutzt, die eine Metallschmelze (Field'sches Metall) mittels eines

Luftdrucks gegen eine Membran verschieben und in dieser Position erstarren lassen. Auf diese Weise wird ein mikrofluidischer Kanal verschlossen [42]. So entsteht ein bistabiles Ventil, d. h. eine Energiezufuhr wird nur zum Schmelzen des PC-Materials und somit zum Wechseln des Ventilzustandes (von geschlossen zu geöffnet oder umgekehrt) benötigt. Ein ähnliches Prinzip wenden Yang und Lin an [43]. Im Unterschied zu Shaikh et al. besteht ihr PC-Material allerdings aus Paraffin.

Es gibt noch eine Reihe von weiteren Veröffentlichungen die ebenfalls Paraffin als PC-Material verwenden, hier wird allerdings die Eigenschaft der Volumenausdehnung von Paraffin beim Phasenübergang ausgenutzt. Der einfachste Aufbau geht wieder davon aus, dass das ausgedehnte Paraffin direkt eine Membran ausbeult, welche wiederum den fluidischen Kanal verschließt. Die für diesen Aufbau benötigte Menge an Paraffin oder auch anderen Materialien, die die Volumenausdehnung beim Phasenübergang ausnutzen, lässt sich mit Hilfe der folgenden Formeln abschätzen [25]. Dabei lässt sich die Oberflächenauslenkung der Membran (u) für axialsymmetrische Auslenkung in Polarkoordinaten darstellen durch:

$$\nabla^4 u = \left(\frac{d^2}{dr^2} + \frac{1}{r}\frac{d}{dr}\right)\left(\frac{d^2 u}{dr^2} + \frac{1}{r}\frac{du}{dr}\right) = \frac{p_0}{D} \qquad (7)$$

wobei p_0 die Kraft in Folge der Volumenausdehnung ist und D die Biegesteifigkeit der Membran. Für den Fall einer kreisförmigen Grundfläche mit Radius r_a und einer gleichförmig einwirkenden Kraft p_0 sowie fixierten Rändern ergibt sich für die Auslenkung der Membran:

$$u(r) = \frac{p_0}{64D}(r_a^2 - r^2)^2 = \frac{p_0 r_a^4}{64D}\left(1 - \frac{r^2}{r_a^2}\right)^2 \qquad (8)$$

Mit $\eta = r/r_a$ und u_{max} als maximaler Auslenkung im Zentrum der Membran ergibt sich somit:

$$u(\eta) = u_{max}(1 - \eta^2)^2 \qquad (9)$$

Für das Volumen unterhalb der ausgebeulten Membran (V_d) gilt:

$$V_d \approx u_{max} \int_0^{r_a} 2\pi u(r)r\, dr = \frac{1}{3}\pi u_{max} r_a^2 \qquad (10)$$

Da dieses Volumen vom PC-Material zur Verfügung gestellt werden muss, ergibt sich bei bekannter Volumenausdehnung m des Mediums und der benötigten Auslenkung der Membran u_{max} die benötigte Schichtdicke t_p zum vollständigen Verschließen des Kanals mit:

$$t_p = \frac{u_{max}}{3m} \qquad (11)$$

Ventilsysteme, die lediglich auf der Volumenausdehnung des Paraffins während des Phasenübergangs basieren sind in der Regel nicht bistabil, da die Volumenausdehnung und somit auch dass Verschließen des Kanals nur solange anhalten, wie das Paraffin durch konstante Energiezufuhr im flüssigen Zustand gehalten wird. Bei Erkalten des Paraffins erfolgt eine Volumenabnahme, wodurch sich die Membran durch Eigenspannung in ihren Ausgangszustand zurück bewegt. Durch eine geschickte Anordnung von Paraffinreservoiren unterteilt in mehrere Zonen und deren gestaffeltes Abschalten, ist es allerdings möglich, die Deflektion der Membran auch im festen Zustand des Paraffins zu erhalten [46]. Zudem sind auch noch andere Aufbauten von Paraffinaktoren ohne das Verschließen des Kanals mittels einer Membran bekannt. Bei Kabei et al. befindet sich das Paraffin in

einem Zylinder und durch die Volumenausdehnung in Folge des Auf-
schmelzens wird ein Aktor verschoben und eine Feder zusammengedrückt,
die für die Rückstellung des Aktors bei einer Volumenabnahme in Folge
des Erkaltens zuständig ist. Klintberg et al. verwenden ein ringförmiges
Paraffinreservoir zwischen zwei Siliziumscheiben. Die beiden Siliziumscheiben weisen bei unterschiedlichen Radien eine Membran auf, wodurch
bei einer Volumenausdehnung des Paraffins die obere Scheibe nach oben
ausgelenkt wird [47].

Bei allen diesen vorgestellten indirekten Phasenübergangsventilen kommt
das PC-Material nicht direkt mit dem Arbeitsmedium in Berührung. Allerdings ist dafür ein meist relativ komplexer Aufbau des Ventils nötig und
auch die Gefahr für Leckagen steigt somit an.

2.3.2 Direkte Phasenübergangsventile –
Phasenübergangsmaterial ≠ Arbeitsmedium

Bei den direkten Phasenübergangsventilen, deren Phasenübergangsmaterial
sich vom Arbeitsmedium im Kanal unterscheidet, befindet sich das
PC-Material direkt im fluidischen Kanal und verschließt diesen im Normal-
fall (normally closed). Durch thermische Aktivierung ändert sich der Zustand des PC-Materials und gibt so den Fluss wieder frei.

Als Phasenübergangsmaterial kann auch hier ein Hydrogel zum Einsatz
kommen. Das bekannteste temperatursensitive Hydrogel ist
Poly(N-isopropylacrylamide), kurz poly(NIPAAm) [23, 48]. Das Hydrogel
speichert bei Raumtemperatur Wasser und versperrt so im geschwollenen
Zustand den Kanal. Wird es über seine kritische Lösungstemperatur
(Übergangstemperatur) erhitzt, kollabiert das Material und gibt das gespei-
cherte Wasser ab. Auf diese Weise verliert es einen Großteil seines Volumens und gibt so den Kanal frei. Die Temperaturkontrolle kann mittels
Ohm'schen Heizern in der Kanalwand [23] oder mittels eines Peltierelementes [48] erfolgen.

Es gibt auch direkte Phasenübergangssysteme, die Paraffin zum Verschließen des Kanals nutzen. Von Liu et al. wurde ein Einmalventil auf Basis eines Paraffinstopfens vorgestellt [49]. In diesem System versperrt ein Paraffinblock direkt den Kanal. Durch einen Heizwiderstand unterhalb des Kanals wird die benötigte Wärme zum Schmelzen des Paraffins erzeugt. Das flüssige Paraffin wird dann durch den Fluidstrom des Arbeitsmediums abtransportiert und lagert sich an den Kanalwänden an, wo es erstarrt. Von Pal et al. wurde ein bistabiles Ventil auf Paraffinbasis vorgestellt. Hier befindet sich der Paraffinstopfen in einem kleinen Zusatzkanal oberhalb des fluidischen Kanals. Entlang diesen Zusatzkanals befinden sich drei verschiedene Heizzonen. Durch Schmelzen des Paraffins im Zusatzkanal und Anlegen eines Luftdrucks wird das Paraffin in den fluidischen Kanal verschoben, wo es erstarrt und diesen verschließt. Um den fluidischen Kanal wieder freizugeben wird das Paraffin wiederum erhitzt und mit Hilfe eines Vakuums am Zusatzkanal wieder in diesen hineingezogen, wo es wiederum erstarrt. Durch diese Anordnung ist eine mehrmalige Verwendung des Ventils möglich.

Diese direkten Phasenübergangsventile haben keine Probleme mit Leckagen, das Totvolumen ist auf ein Minimum beschränkt, es gibt keine beweglichen Teile und sie sind elektronisch steuerbar. Allerdings ist bei allen diesen Ventilen das PC-Material direkt mit dem Arbeitsmedium im Kanal in Berührung. Dadurch kann es zu Kontamination des Arbeitsmediums kommen, wodurch diese Art Ventil nicht für alle Anwendungen geeignet ist.

2.3.3 Direkte Phasenübergangsventile – Phasenübergangsmaterial = Arbeitsmedium

Bei dieser Variante der direkten Phasenübergangsventile wird das Arbeitsmedium im Kanal selbst eingefroren und blockiert so den Fluss. Das Phasenübergangsmaterial ist hier also mit dem Arbeitsmedium identisch. Um den Fluss im Kanal zu stoppen, muss das Arbeitsmedium lokal eingefroren werden.

Dies wurde von Bevan und Mutton z. B. durch das Aufsprühen von flüssigem CO_2 auf die Kanalwand an der zu blockierenden Stelle bewerkstelligt [50]. Durch die extrem kalte Temperatur des CO_2-Sprays, die bei ca. -65 °C lag, wurde das Arbeitsmedium sehr stark unterkühlt. Dadurch wurde ein sehr schnelles Verschließen des Kanals ermöglicht. Ein großer Nachteil dieser Variante ist die fehlende aktive Heizung zum Öffnen des Kanals, dies erfolgt allein durch die Wärme aus der Umgebung.

Bei den meisten bekannten direkten Phasenübergangsventilen, die das Arbeitsmedium direkt einfrieren, erfolgt die Kühlung mittels eines Peltierelementes. Zum Öffnen wird entweder ein Ohm'scher Heizwiderstand verwendet [51] oder das Peltierelement wird durch Umpolung seiner Anschlüsse als Heizelement verwendet [52, 53].

Ein zweistufiges Temperaturkontrollsystem wurde von Gui et al. vorgestellt [54]. Hier wird ein größeres Peltierelement zur permanenten Kühlung des Systems verwendet und mittels diesem das Arbeitsmedium in unterkühlten Zustand gebracht. Mit Hilfe eines zweiten kleineren Peltierelementes wird dann ein zusätzlicher Kühlimpuls gegeben, der das Arbeitsmedium im Kanal erstarren lässt. Durch Heizen dieses kleineren Peltierelementes kann der Kanal auch wieder aufgetaut und der Fluss freigegeben werden. Diese Anordnung ermöglicht die Integration mehrerer kleiner Peltierelemente und somit Phasenübergangsventile auf einem Chip.

Erste Untersuchungen zur Abhängigkeit der Reaktionszeit von verschiedenen Versuchsparametern haben gezeigt, dass eine Erhöhung des Verhältnisses von Kanalumfang zu Kanalquerschnitt ebenso wie ein höherer Wärmeübergangskoeffizient zwischen dem Arbeitsmedium und der Umgebung/Kanalwand zu einer Verringerung der Reaktionszeiten führen [53]. Des Weiteren wurde beobachtet, dass die Zeiten zum Verschließen des Kanals mit steigender Flussgeschwindigkeit zunehmen und bei einer zu hohen Flussgeschwindigkeit der Gefrierpunkt niemals erreicht wird, da der Wärmeeintrag durch das fließende Medium größer ist als die durch die Kühlung entzogene Wärmemenge. Die Wärmemenge (q_f) die einem bewegten Fluid entzogen wird lässt sich mit Hilfe folgender Formel ermitteln [55]:

$$q_f = \dot{m}c_p\Delta T \tag{12}$$

wobei $\dot{m}$ den Massefluss des Systems, c_p die spezifische Wärme des Fluids und ΔT die Temperaturdifferenz zwischen einströmendem Medium und Kanalwand beschreibt. Ist also die Kühlleistung des Systems sowie die zu überwindende Temperaturdifferenz bekannt, so lässt sich der maximal mögliche Massefluss und somit auch die maximale Flussgeschwindigkeit ermitteln. Eine komplexe theoretische Modellierung des Gefrierens einer Flüssigkeit in einem Mikrokanal wurde von Myers und Low durchgeführt [56]. Für ihre Modellierungen wurde Wasser als Arbeitsmedium/Fluid angenommen. Sie haben zum einen den Einfluss der Péclet-Zahl als auch den der thermischen Leitfähigkeit k ermittelt. Die Péclet-Zahl beschreibt das Verhältnis der über Konvektion transportierten Wärmemenge zur geleiteten Wärmemenge eines Fluids. Die Péclet-Zahl (Pe) wird in Abhängigkeit von der Fließgeschwindigkeit (u), dem Radius (r) und der Länge (L) des Kanals sowie der Temperaturleitfähigkeit des Fluids (α) dargestellt:

$$Pe = \frac{ur^2}{\alpha L} \tag{13}$$

In Abbildung 8 sind zwei Darstellungen von Temperaturprofilen während des Gefrierens dargestellt. Hierbei werden die Bildung der Eisfront und die Temperaturprofile zum selben Zeitpunkt nach dem Erreichen der Gefrierzone bei gleicher thermischer Leitfähigkeit in Abhängigkeit von der Péclet-Zahl verglichen. Da die Kanalgeometrie sowie die Stoffkonstanten gleich sind, kann die Änderung der Péclet-Zahl nur über eine Änderung der Fließgeschwindigkeit erreicht werden. Es ist eine deutlich langsamere Abkühlung des Fluids bei der höheren Geschwindigkeit zu sehen, was bedeutet, dass die Reaktionszeit bis zum Verschließen des Kanals mit zunehmender Geschwindigkeit ansteigt. Außerdem ist die Reaktionszeit zum Verschließen des Kanals vom Kanalquerschnitt abhängig, da dieser über den Faktor r^2 die Péclet-Zahl beeinflusst. In weiteren Simulationen konnte gezeigt werden, dass eine Erhöhung der thermischen Leitfähigkeit k zu einer Verringerung der Schließzeit führt, ebenso wie eine Erhöhung der Temperaturdifferenz zwischen der Wand und dem Fluid. Diese Ergebnisse stimmen gut mit den experimentellen Beobachtungen und Überlegungen von Gui und Liu [53] sowie Rosengarten et al. [55] überein. Die Reaktionszeiten zum Öffnen und Schließen eines direkten Phasenübergangssystems hängen also sowohl von den spezifischen Stoffparametern vom Phasenübergangsmedium als auch den umgebenden Stoffen, der Fließgeschwindigkeit des Phasenübergangsmediums sowie der Kühl- und Heizleistung des Systems ab.

Diese Art von direkten Phasenübergangsventilen weist dieselben Vorteile (keine Leckagen, kein Totvolumen, keine bewegten Teile, elektronisch steuerbar) auf, wie das direkte Phasenübergangsventil, bei dem sich das PC-Material vom Arbeitsmedium unterscheidet. Auf Grund des direkten Einfrierens des Arbeitsmediums im Kanal kommt es bei diesen Ventilen auch zu keiner Kontamination. Durch die großen Temperaturschwankungen ist dieses Phasenübergangsventil aber auf temperaturunempfindliche Anwendungen beschränkt.

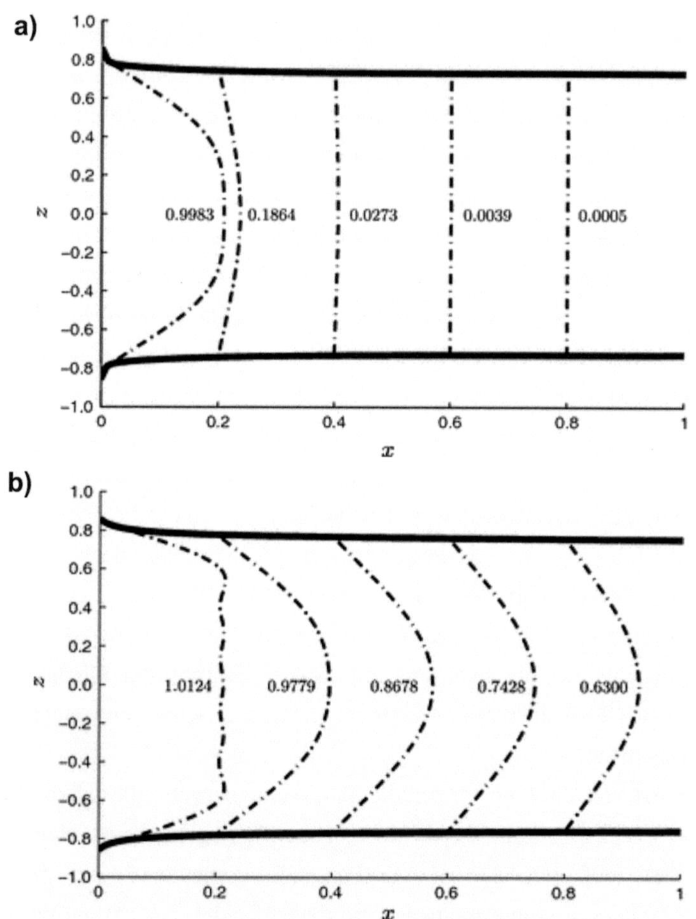

Abbildung 8: Temperaturprofile entlang eines Kanals beim Gefrieren, entnommen aus [56]. Dargestellt sind die Temperaturprofile eines Fluids im Kanal (Kanalwände bei $z = +1$ und $z = -1$) zum Zeitpunkt $t = 0,0341$ s nach Erreichen der Gefrierzone. Die Wandtemperaturen liegt in beiden Fällen 16 K unterhalb des Gefrierpunkts des Fluid. Die dicke Linie zeigt die sich bis zu diesem Zeitpunkt ausgebildete Eisfront im Kanal an, während die gestrichelten Linien die Temperaturen quer durch den Kanal anzeigen. Die thermische Leitfähigkeit ist für beide Fälle $k = 1$ W/m·K. a) zeigt die Temperaturprofile für $Pe = 1$, b) zeigt die Temperaturprofile für $Pe = 10$.

3.   Material und Methoden

Im folgenden Kapitel wird näher auf die verwendeten Materialien zur Herstellung der verschiedenen Phasenübergangsventile und Aktoren eingegangen. Die verwendeten Herstellungsverfahren werden erläutert und die Methoden zum Aufbau und zur Charakterisierung werden dargestellt.

3.1   Verwendete Materialien

In diesem Abschnitt werden zunächst die verwendeten Materialien für die Herstellung der Membrane sowie die Phasenübergangs- und fluidischen Medien näher beschrieben.

3.1.1   Membranmaterial

Die Membranen, die im Aktor auf Grundlage einer Volumenausdehnung (siehe Abschnitt 4.3.2) sowie dem Shift-Gate-Aktor (siehe Abschnitt 4.3.3) verwendet wurden, bestehen aus Polydimethylsiloxan oder kurz Silikon.
Im Allgemeinen versteht man unter Silikonen polymere Verbindungen, bei denen Siliziumatome mit Sauerstoffatomen verbunden sind, wobei die übrigen freien Bindungsstellen des Siliziums durch mindestens eine organische Gruppe abgesättigt werden [57]. Eine Einheit aus einem Siliziumatom und den vier benachbarten Bindungspartnern wird als Siloxaneinheit bezeichnet. Die Anzahl der Sauerstoffatome am Silizium, und somit der potentiell freien Bindungsstellen, bestimmt die Funktionalität der einzelnen Siloxaneinheiten, also ob sie mono-, di-, tri-oder tetrafunktional sind (siehe Abbildung 9).

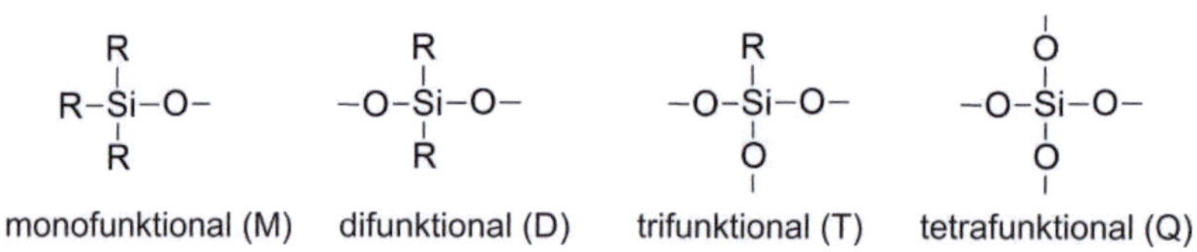

Abbildung 9: Schematische Darstellung der Funktionalitäten verschiedener Siloxaneinheiten. Die Restgruppe R besteht dabei aus einer beliebigen chemischen Gruppe, wobei die Gruppe über ein Kohlenstoffatom an das Silizium gebunden sein muss. Technische Silikone tragen häufig Methylgruppen (CH₃) als Restgruppe R.

Lineare Siloxane mit unterschiedlicher Kettenlänge können durch die Kombination von mono- und difunktionalen Siloxaneinheiten gebildet werden, wobei das Verhältnis der monofunktionalen zu den difunktionalen Siloxaneinheiten die Kettenlänge festlegt. Bei einer Kette vom Schema M_2D_n spricht man dann von linearen Hochpolymeren [57]. Werden in dieser linearen Kette als organische Reste lediglich Methylgruppen gebunden, erhält man Polydimethylsiloxan (siehe Abbildung 10a). Verzweigte Silikone können durch den Einsatz höherfunktionaler (tri- oder tetrafunktional) Siloxaneinheiten gebildet werden.

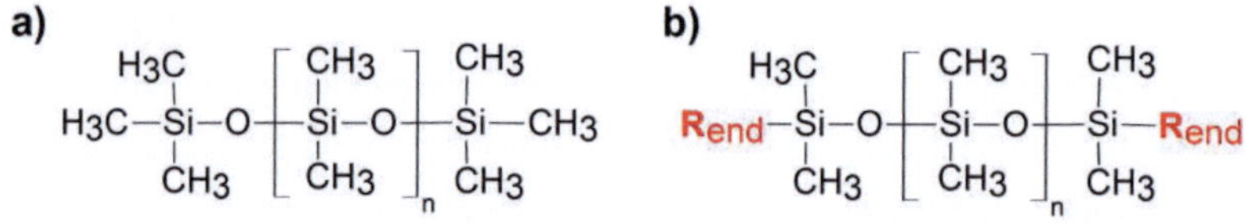

Abbildung 10: Strukturformel von PDMS. a) Darstellung von PDMS mit Methylgruppen an allen freien Bindungsstellen. b) PDMS mit endständig positionierten funktionellen Gruppen (rot markiert).

In dieser Arbeit wurde ein PDMS der Marke Elastosil® M 4600 (Wacker Chemie AG, München, Deutschland) zur Herstellung der Membranen verwendet. Hierbei handelt es sich um einen Zweikomponentensilikonkautschuk (A- und B-Komponente). Die beiden Einzelkomponenten bestehen hauptsächlich aus Polydimethylsiloxan mit endständigen funktionellen Gruppen (siehe Abbildung 10b), wobei sich diese Funktionalität in der Regel bei beiden Komponenten unterscheidet, sowie einem Platinkatalysator in der B-Komponente, der beim Vermischen der beiden Komponenten die Vernetzungsreaktion (Additionsreaktion) startet [58]. Durch das Zusammenmischen der bei Raumtemperatur flüssigen Einzelkomponenten im stöchiometrischen Verhältnis (im Falle von Elastosil® M 4600 ist dieses Verhältnis zehn Massenteile der Komponente A zu einem Massenteil der Komponente B) erhält man nach einer Reaktionszeit von ca. 12 h bei Raumtemperatur einen elastischen Feststoff [59].

3.1.2 Feste Phasenübergangsmedien

Ein oft in der thermischen Aktorik eingesetztes Phasenübergangsmedium ist Paraffin [13, 25, 60], da es eine hohe Volumenausdehnung von ca. 10 Vol.-% bis 15 Vol.-% beim Schmelzen besitzt [61]. Außerdem wird die Eigenschaft ausgenutzt, dass Paraffin im flüssigen Zustand leichtfließend ist (niedrige Viskosität) [43], während es im festen Zustand starr ist und seine Position nicht verändert [49]. Paraffin kann daher sowohl, als eine Art schmelzbare Barriere, einen Kanal direkt verschließen oder gegen eine Membran gedrückt werden, welche dann den Kanal verschließt. Eine weitere Eigenschaft des Paraffins, seine chemische Inaktivität, leitet sich direkt von seinem lateinischen Namen ab: „parum affinis" bedeutet „wenig verwandt", was im chemischen Sinne mit geringer Reaktionsfähigkeit übersetzt werden kann. Paraffine sind ein Gemisch von Alkanen unterschiedlicher Kettenlänge. Da die Ketten untereinander mit Van-der-Waals-Kräften verbunden sind, steigt mit zunehmender Kettenlänge die Energie, die zum Aufschmelzen benötigt wird, und somit auch die Schmelztemperatur [25]. Durch die Variation der Anteile der verschiedenen Fraktionen an Alkanen können Paraffine mit Schmelztemperaturen im Bereich von -100 °C und 100 °C je nach gewünschter Anwendung erzeugt werden [61].

Die besonders hohe Volumenausdehnung der Paraffine beim Schmelzvorgang, beruht auf einem fest-fest Übergang vor dem eigentlichen Schmelzprozess [62]. Dabei wird die Kristallstruktur von orthorhombisch zu hexagonal geändert (siehe Abbildung 11). So wurde z. B. für einige Paraffinwachse eine Änderung des Abstandes d_{020} (Beschreibung des Abstandes zwischen zwei Ebenen im Kristall durch die Angabe der Millerschen Indizes) zwischen zwei Kohlenstoffatomen von 3,75 Å bei geringen Temperaturen im orthorhombischen Gitter zu 4,15 Å für den Abstand d_{110} in der hexagonalen Phase kurz vor Erreichen des Schmelzpunktes beobachtet [62].

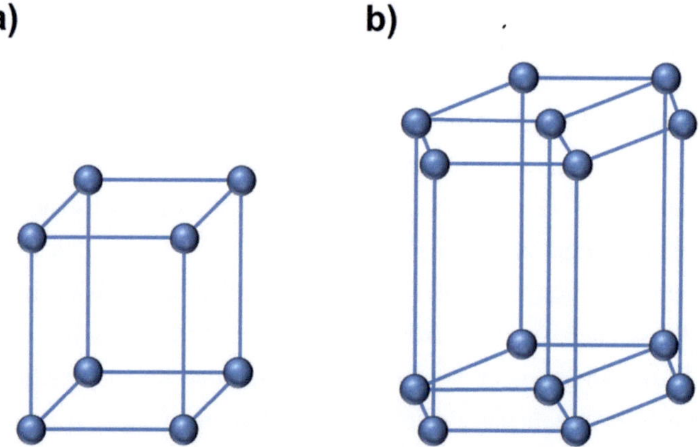

Abbildung 11: Schematische Darstellung der Kristallgitterstrukturen im Paraffin. a) orthorhombische Gitterstruktur des Paraffins bei niedrigeren Temperaturen, b) hexagonale Gitterstruktur des Paraffins kurz vor dem Schmelzpunkt.

Neben Paraffinen kamen in dieser Arbeit auch Polyethylenglykole (PEG) als Phasenübergangsmedien zum Einsatz. Polyethylenglykole haben die Strukturformel $H-(O-CH_2-CH_2-)_n OH$ [63]. Sie unterliegen den gleichen Effekten in Bezug auf die Kettenlänge und der daraus resultierenden Änderung der Schmelztemperatur in Abhängigkeit von der Kettenlänge, wie die

Paraffine. Auch Polyethylenglykole weisen mitunter eine sehr große Volumenausdehnung beim Schmelzen auf, weshalb auch sie als Phasenübergangsmedien von Interesse sind.

Im Rahmen dieser Arbeit wurden verschiedene Paraffine und Polyethylenglykole auf ihre Eignung für den Aufbau von thermischen Phasenübergangsventilen hin untersucht. Dabei sind neben der Volumenausdehnung und der Schmelztemperatur auch Schmelz- und Erstarrzeiten von Interesse. Getestet wurden diese Materialien für den Aktor auf Grundlage einer Volumenausdehnung (siehe Abschnitt 4.3.2) sowie des sogenannten Shift-Gate-Aktors (siehe Abschnitt 4.3.3).

3.1.3 Fluidische Medien

Im Rahmen dieser Arbeit kamen neben Wasser sowohl Tetradekan (Merck KGaA, Darmstadt, Deutschland) als auch FC-40 (Fluorinert® FC-40, Sigma-Aldrich Chemie GmbH, Steinheim, Deutschland) zum Einsatz. Bei Tetradekan handelt es sich um ein höheres Alkan ($C_{14}H_{30}$), FC-40 ist ein vollständig fluoriniertes niederverzweigtes Alkan bei dem alle Wasserstoffatome des ursprünglichen Alkans durch Fluoratome ersetzt wurden. Tetradekan wurde als Arbeitsmedium im Durchflussventil (siehe Abschnitt 4.3.1) eingesetzt. Es wurde für diese Anwendung ausgewählt, da es auf Grund seiner unpolaren Eigenschaft nicht mit polaren Medien, wie z. B. Wasser, mischbar ist, und so ein gut geeignetes Medium für indirekte Mikrofluidiksysteme darstellt [12]. Des Weiteren liegt sein Schmelzpunkt bei 6 °C [64], sodass es bei Raumtemperatur flüssig ist, jedoch durch Kühlung mit einem Peltierelement gut eingefroren werden kann. Tetradekan eignete sich hingegen nicht als Mittlermedium für den Aufbau des Aktors auf Grundlage einer Volumenausdehnung (siehe Abschnitt 4.3.2) oder für den Einsatz im Shift-Gate-Aktor (siehe Abschnitt 4.3.3), da es PDMS, das dort als Membranmaterial verwendet wurde, sehr stark anschwellen lässt [65]. Weil Fluoralkane PDMS nicht zum Anschwellen bringen, konnte hier auf FC-40 zurückgegriffen werden. FC-40 wurde für die Aufbauten des indirekten Ventils auf der Grundlage einer Volumenausdehnung und des Shift-Gate-Aktors als Mittlermedium eingesetzt. Es verhält sich auf Grund der vollständigen Fluorierung chemisch inert gegenüber anderen Substanzen, sodass es auch mit den übrigen verwendeten Materialien zu keiner ungewollten chemischen Wechselwirkung kommt. FC-40 ist bei Raumtemperatur eine inkompressible Flüssigkeit mit sehr geringem Dampfdruck [66], was vorteilhaft ist, da die Flüssigkeit nicht verdunstet. Darüber hinaus hat FC-40 eine sehr geringe Wärmeleitfähigkeit [66]. Der Stoff ist daher auch ein guter Wärmeisolator. Auf Grund dieser Eigenschaften ist es sehr gut für den Einsatz in den beiden genannten Ventil-/Aktortypen geeignet.

3.2 Fertigungsverfahren

Dieses Kapitel beschreibt die im Rahmen dieser Arbeit hauptsächlich genutzten Fertigungsverfahren. Dabei sind sowohl Stereolithographie zur Herstellung der Ventil-/Aktorstrukturen, als auch Spin Coating zur Herstellung von Membranen von Bedeutung.

3.2.1 Stereolithographie

Die mikrofluidischen Strukturen für den Aufbau des Durchflussventils (siehe Abschnitt 4.3.1) bzw. des Volumenausdehnungs- oder Shift-Gate-Aktors (siehe Abschnitt 4.3.2 und Abschnitt 4.3.3) wurden mittels Stereolithographie hergestellt. Stereolithographie bezeichnet den schichtweisen Aufbau eines dreidimensionalen technischen Bauteils mittels Polymerisation eines photopolymerisierbaren Resists durch Licht [67]. Dabei werden zunächst einzelne Schichten als 2,5-dimensionale Strukturen innerhalb der Fokusebene im Resist erzeugt. Als Lichtquelle dient oftmals ein Laser, der über die Oberfläche rastert. Die Lichtmuster können aber auch direkt auf die gesamte Ebene projiziert werden. Dies kann sowohl mit Hilfe einer

Photomaske [8], ähnlich dem Prozess bei der Photolithographie, als auch maskenlos mit Hilfe eines Mikrospiegelarrays [67] geschehen. Durch den Einsatz verschiedener Photoinitiatoren können die Resiste je nach Photoinitiator sowohl mittels UV-Lichtquellen als auch mit Lichtquellen im sichtbaren Spektrum ausgehärtet werden [67]. Bei der 3D Strukturgebung werden mehrere solcher 2,5-dimensionalen Ebenen übereinandergestapelt. Die Belichtung der einzelnen Ebenen kann hier sowohl von oben als auch von unten erfolgen. Bei der Belichtung von oben, befindet sich ein Tisch in einem Polymerbad, der nach erfolgter Belichtung einer fertigen Schicht nach unten abgesenkt wird, sodass sich eine neue Lage flüssigen Resistes an der Oberfläche befindet. Bei dieser Variante liegt die Oberfläche frei. Bei der Belichtung von unten befindet sich die Lichtquelle unterhalb eines für die Strahlung durchlässigen Fensters und härtet eine direkt darüber liegende Schicht des Resistes aus, die durch das Fenster begrenzt wird. Die fertig belichtete Schicht wird dann mit Hilfe eines Tisches nach oben angehoben und neues flüssiges Material fließt in den Spalt nach. Auf diese Weise können mit beiden Varianten komplexe Strukturen erzeugt werden. Im Rahmen dieser Arbeit wurde Stereolithographie zur Herstellung von mikrofluidischen Komponenten mit innenliegenden Kanälen verwendet. Durch die Fertigung in einem Stück werden Leckagen vermieden [8]. Stereolithographie bietet die Möglichkeit einfach und schnell Prototypen zu erzeugen, wobei für eine Designänderung meist lediglich die Änderung des digitalen Modells notwendig ist.

Als mögliche Materialien für Stereolithographie kommen z. B. Monomere auf Acryl- oder Epoxidbasis zum Einsatz [67].

Die in dieser Arbeit verwendeten mikrofluidischen Bauteile wurden von der Firma Proform (Marly, Schweiz, www.proform.ch) gefertigt. Als Materialien kamen die Stereolithographieresiste Accura® 60 (3D Systems, Inc., Valencia, USA) und SOMOS® ProthoTherm 12120 (DSM Somos®, Elgin, USA) auf Epoxidharzbasis zum Einsatz.

3.2.2 Spin Coating

Spin Coating (Rotationsbeschichtung) ist eine einfache Methode, dünne Filme auf Substraten zu erzeugen [8]. Hierbei wird das aufzuschleudernde Material in flüssiger bzw. gelöster Form mittig auf dem Substrat aufgetragen. Danach wird das Substrat in Rotation versetzt und auf bis zu 10.000 Umdrehungen pro Minute (engl. rotations per minute, rpm) beschleunigt [10]. Durch die Zentrifugalkraft bildet sich ein gleichmäßiger Film in Abhängigkeit der Anfangskonzentration (C) und der Viskosität (μ) des aufzutragenden Materials, der Winkelgeschwindigkeit (ω) beim Beschichtungsprozess sowie einer Konstante (k) auf der Oberfläche aus. Die Dicke des Films (h) lässt sich näherungsweise mit Hilfe der folgenden Formel berechnen [10]:

$$h = kC \left(\frac{\mu}{\omega^2}\right)^{\frac{1}{3}} \tag{14}$$

Im Anschluss an diesen Prozess wird der Film auf dem Substrat ausgehärtet. Bei gelösten Materialien ist ein Teil des Lösungsmittels bereits während des Aufschleuderns verdampft, der Rest wird z. B. durch Ausbacken ausgetrieben.

Im Rahmen dieser Arbeit kam Spin Coating zur Herstellung der PDMS-Membranen zum Einsatz.

3.3 Verbindungstechniken

Die Verbindungstechniken, die zum Aufbau der fertigen Ventile bzw. Aktoren zum Einsatz kamen werden im nachfolgenden Abschnitt erläutert.

3.3.1 Klebeverbindungen

Beim Kleben von Werkstoffen werden zwei Oberflächen durch Einbringen einer Klebstoffschicht über Oberflächenhaftung (Adhäsion) und die Festigkeit des Klebstoffes (Kohäsion) miteinander verbunden. Dabei werden die Oberflächeneigenschaften der zu klebenden Materialien nicht wesentlich verändert [68]. Bei synthetischen Klebstoffen handelt es sich in der Regel um polymere Makromoleküle, wobei die innere Festigkeit des Klebstoffes wesentlich vom Molekulargewicht sowie der Art und Anzahl der Seitengruppen der Makromoleküle abhängt. Während des Klebevorgangs wird der Klebstoff in flüssiger Form zwischen die zu verklebenden Flächen gebracht und härtet dort in Folge eines Trockenprozesses oder einer chemischen Reaktion aus. Im ersten Fall werden die Makromoleküle durch eine vorherige Polymerisationsreaktion hergestellt und dann entweder in gelöster Form, in Form einer Dispersion oder als Schmelze zwischen die zu verklebenden Flächen gebracht. Dort härten sie unter Verdunstung des Lösungsmittels bzw. des Dispersionsmittels oder durch Erstarren der Schmelze aus. Darüber hinaus besteht die Möglichkeit, die Makromoleküle erst durch die Polymerisationsreaktion von kleineren Molekülen direkt im Klebespalt zu erzeugen (Reaktionsklebstoff). Mögliche Reaktionsmechanismen hierbei sind Polymerisation (Verknüpfung mehrerer Monomere mit reaktiven Doppelbindungen unter Aufspaltung, beispielsweise durch Radikale oder Ionen), Polykondensation (Verknüpfung mehrfunktioneller Monomere in mehreren Stufen unter Abspaltung kleinerer Moleküle wie z. B. Wasser oder Alkoholen) und Polyaddition (Verknüpfung meist unterschiedlicher mehrfunktioneller Monomere in mehreren Stufen ohne Abspaltung kleinerer Moleküle). Bei den Reaktionsklebstoffen unterscheidet man außerdem zwischen Ein- und Zweikomponentensystemen. Bei den Zweikomponentenklebstoffen stellt man durch Vermischen von zwei Stoffen den eigentlichen Klebstoff erst kurz vor Gebrauch her. Einkomponentensysteme reagieren meist durch Umgebungsluftfeuchtigkeit, welche in Form von Monolagen von Wasser auf nahezu allen Oberflächen vorliegt, aus.

In dieser Arbeit wurden zwei Klebstoffe auf Epoxidbasis sowie ein Silikonkleber verwendet. Bei den Klebstoffen auf Epoxidbasis erfolgt die Verbindung zwischen dem Klebstoff und den zu verbindenden Materialien über die Reaktion von Epoxidgruppen in der Klebstoffmatrix mit den OH-Gruppen auf der Oberfläche der zu verklebenden Substrate. Bei Silikonklebstoffen werden Oligo- oder Polysilanole unter Abspaltung von Wasser kondensiert, wodurch sie vernetzen. Diese Reaktion wird beispielsweise durch Wärme, Säuren oder Metallionen initiiert.

Im Rahmen dieser Arbeit wurde der einkomponentige lichtaktivierbare Klebstoff DELO-KATIOBOND 4552 (DELO Industrie Klebstoffe GmbH & Co KGaA, Windach, Deutschland) verwendet. Dieser besteht größtenteils aus einem cycloaliphatischen Epoxidharz und einem geringen Anteil von α,α-Dimethylbenzylhydroperoxid als Photoinitiator [69]. Dieser zerfällt bei Belichtung in Radikalspezies, die eine Polyadditionsreaktion starten. Die Reaktion benötigt somit lediglich Licht zur Initiierung, nach erfolgtem Start setzt sie sich ohne weitere Lichtzufuhr bis zur vollständigen Aushärtung fort [70].

Als ein Zweikomponentenklebstoff auf Epoxidharzbasis wurde UHU® plus endfest 300 (UHU GmbH & Co KG, Bühl, Deutschland) verwendet. Für die Polymerisation wurden ein Binder (Bisphenol-A-Epichlorhydrinharz und Bisphenol-F-Epichlorhydrinharz) und Härter (N'-(3-Aminopropyl)-N,N-dimethylpropan-1,3-diamin) im Volumenverhältnis 1:1 miteinander gemischt und mittels Polyadditionsreaktion zur Aushärtung gebracht [71].

Bei dem verwendeten Silikonkleber handelt es sich um ein Silikonelastomer mit dem Handelsnamen TSE 399C (Momentive Amer Ind., Waterford, USA, bezogen von Conrad Electronic SE, Deutschland). Dieser Kleber besteht aus einem Gemisch von Polydimethylsiloxanen, Füllstoffen und

Vernetzter [72]. Bei einem Teil der Siloxane handelt es sich um ein Copolymer aus Aminosiloxan und Cyclopentylsilazan mit Methoxyendgruppen. Diese werden durch einen Katalysator sowie den Kontakt mit der Luftfeuchtigkeit abgespalten und das Copolymer kann mit einem beigemischten Aminopropylethoxysilan vernetzt werden, wodurch der Klebstoff aushärtet.

3.3.2 Bonden von PDMS auf PDMS

Bei mikrofluidischen Strukturen, die mittels Abformung entstanden sind, handelt es sich um offenliegende Kanalstrukturen, die noch durch einen Deckel verschlossen werden müssen. Dieses Deckeln sowie das Aufbauen von Bauteilen aus mehreren Schichten erfolgt durch einen sogenannten Bondprozess. Bei diesem Prozess werden zwei Bauteile ohne Anwendung eines Klebstoffes miteinander verbunden, dies kann z. B. durch teilweises Aufschmelzen der Bauteile (thermisches Bonden) erfolgen.

In der Literatur werden verschiedene Techniken zum Verbinden von zwei PDMS-Bauteilen beschrieben. Hierbei wird häufig eine noch flüssige Mischung der Einzelkomponenten des PDMS als Art Klebstoff zwischen die zu verbindenden Bauteile eingebracht [73]. Diese Bauteile wurden in einem vorhergehenden Schritt hergestellt, wobei darauf geachtet wurde, dass sie nicht vollständig durchhärten. Dies kann erreicht werden, indem eine weitere Verarbeitung der Substrate vor Ablauf der für die vollständige Härtung notwendigen Zeitspanne (üblicherweise im Bereich von 12 - 24 Stunden) durchgeführt wird. Werden die zu verklebenden Oberflächen dieser Bauteile mit einer dünnen Schicht von frisch gemischtem 2-Komponenten-Silikon bestrichen und zusammengepresst, dann vernetzen sie als Verbund [74]. Eine weitere Alternative der Verbindung zweier PDMS-Bauteile besteht darin, bei der Herstellung von einem der beiden Bauteile den Vernetzeranteil zu reduzieren (nicht-stöchiometrisches Anmischen), sodass eine vollständige Aushärtung des PDMS nicht möglich ist, sondern eine leicht klebrige Oberfläche entsteht. Mit dieser Oberfläche wird das Bauteil dann auf ein vollständig ausgehärtetes Bauteil gepresst, sodass beide miteinander Vernetzen und so einen Verbund bilden [31]. Ein anderer Ansatz zielt darauf ab, die Oberfläche der PDMS-Bauteile durch ein Plasma zu aktivieren und damit bei einem Zusammenbringen der beiden Oberflächen eine kovalente Bindung zwischen ihnen zu erzeugen [75]. Bei dieser Methode werden die Bauteile für eine Minute mit einem Sauerstoffplasma behandelt und anschließend zusammengepresst. Es kommt zur Ausbildung einer irreversiblen Verbindung zwischen den Bauteilen. Aus der Literatur sind zahlreiche Analysen dieses Prozesses bekannt. Dabei wurde festgestellt, dass auf einer plasmaaktivierten PDMS-Oberfläche der Kontaktwinkel (siehe Abschnitt 3.4) gegen Wasser auf $30°$ abfällt, während er auf einer unbehandelten Oberfläche bei $108°$ liegt [75]. Das bedeutet, dass die Oberfläche nach der Plasmabehandlung deutlich hydrophiler ist. Des Weiteren haben Analysen der Zusammensetzung des Stoffes mittels statischer Sekundärionen-Massenspektrometrie und Röntgenelektronenspektroskopie einen Anstieg von Silizium- und Sauerstoffatomen an der Oberfläche im Verhältnis zu Kohlenstoffatomen gezeigt und mittels ATR-Infrarotspektroskopie (abgeschwächte Totalreflexions-Infrarotspektroskopie) wurden Schwingungsmoden für O-H und Si-OH Bindungen detektiert [75]. Durch die Plasmabehandlung werden also scheinbar die $-OSi(CH_3)_2O-$ Gruppen an der Oberfläche zu $-O_nSi(OH)_{4-n}$ umgeformt. Diese bilden dann unter der Abspaltung von Wasser kovalente Si–O–Si Bindungen mit anderen plasmaaktivierten PDMS-Oberflächen aus (siehe Abbildung 12) [75].

Eine technisch einfache Variante der Plasmabehandlung mittels einer Coronaentladungsquelle wurde von Haubert et al. vorgestellt [76]. Hier wird durch das Anlegen einer Hochspannung an eine Elektrode die Umgebungsluft ionisiert, sodass ein lokales Plasma entsteht, welches auch „Corona" genannt wird. Beide Bauteile werden hier in den Bereich der Coronaentladungen einer transportablen Coronaentladungsquelle gebracht und im Anschluss daran zusammengepresst, sodass sich der Bond ausbilden kann. Untersuchungen bezüglich der Bondstärke ergaben bis zu 400 kPa für solche plasmaaktivierte Bonds [77]. Ähnliche Werte wurden auch von Eddings et al. in einem umfassenden Vergleich der Bondstärke aller vorgestellten Bondingmethoden ermittelt [78]. Bei diesem Vergleich wurde gezeigt, dass alle Methoden einem Mindestdruck von 250 kPa standhalten, wobei bei einzelnen Versuchen mit flüssigem PDMS als „Klebeschicht" bis zu 690 kPa erreicht wurden.

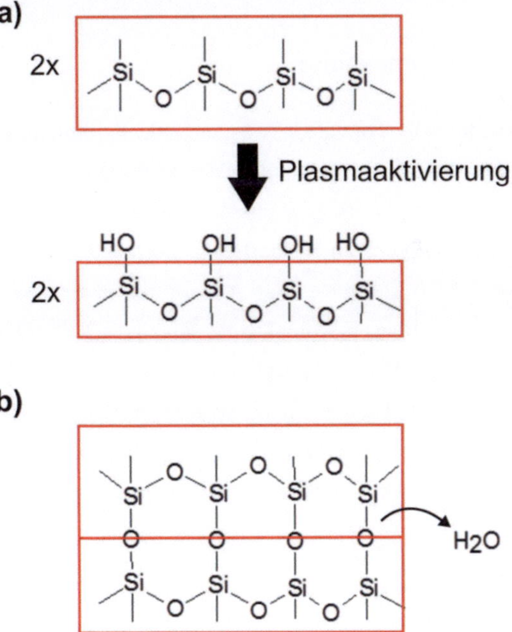

Abbildung 12: Schematische Darstellung des Bondprozesses von PDMS auf PDMS. a) Durch die Plasmaaktivierung kommt es zur Ausbildung von OH-Gruppen an der Oberfläche. b) Beim Zusammenfügen von zwei plasmaaktivierten Oberflächen kommt es zur Ausbildung einer kovalenten Siloxanbindung unter Abspaltung von Wasser.

In der vorliegenden Arbeit wurde auf Grund des geringen technischen Aufwandes die Bondmethode auf Grundlage der mittels Coronaentladungen aktivierten Oberflächen angewandt. Hierzu wurden die Bauteile zunächst mit Ethanol gereinigt und dann mehrere Sekunden, abhängig von der Bauteilgröße, mit der Corona einer Coronaentladungsquelle (Modell BD-20V von Electro-Technic Products, Inc., USA) behandelt und im Anschluss daran unter Druck zusammengefügt. Die Pressung wurde für mehrere Stunden beibehalten um eine optimale Ausbildung des Bonds zu gewährleisten.

3.4 Kontaktwinkelmessung

Schon 1804 erkannte T. Young, dass es für jede Kombination aus einem Feststoff und einer Flüssigkeit gegenüber der Luft einen spezifischen Kontaktwinkel Θ zwischen der Flüssigkeitsoberfläche und dem Feststoff gibt [79]. Wenn eine Flüssigkeit eine Oberfläche komplett benetzt, ist $\Theta = 0°$. In allen anderen Fällen kommt es zur Ausbildung einer sogenannten Benetzungslinie oder 3-Phasen-Kontaktlinie an der 3-Phasengrenze, der Grenze zwischen Feststoff (f), Flüssigkeit (fl.) und Luft bzw. Gas (g.) (siehe Abbildung 13). Mit Hilfe der Young'schen Gleichung kann der Zusammenhang zwischen dem Kontaktwinkel und den Oberflächenspannungen γ an den Grenzflächen der drei Phasen beschrieben werden:

$$\gamma_{fl./g.} \cos \Theta = \gamma_{f./g.} - \gamma_{f./fl.} \qquad (15)$$

Um diesen Kontaktwinkel einer Flüssigkeit auf einer Oberfläche experimentell zu bestimmen, stehen verschiedene Methoden zur Verfügung. Konstruktiv am einfachsten ist die Beobachtung eines auf der Oberfläche liegenden Flüssigkeitstropfens mit Hilfe eines Mikroskops. Hierbei befindet sich eine Lichtquelle hinter dem Tropfen, der dadurch dunkel erscheint.

Nun kann der Kontaktwinkel direkt mit Hilfe eines Goniometers bestimmt werden (siehe Abbildung 14), oder es wird ein Bild aufgenommen und der Kontaktwinkel im Anschluss mit Hilfe einer Software bestimmt [80].

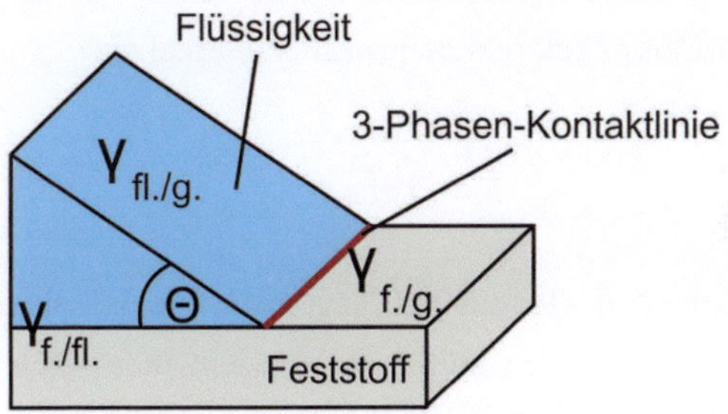

Abbildung 13: Schematische Darstellung des Kontaktwinkels eines Flüssigkeits-tropfens auf einem Feststoff. Die Abbildung zeigt die Randzone des Flüssigkeits-tropfens auf dem Feststoff mit der 3-Phasen-Kontaktlinie und kennzeichnet den Kontaktwinkel Θ den das Fluid zum Feststoff ausbildet.

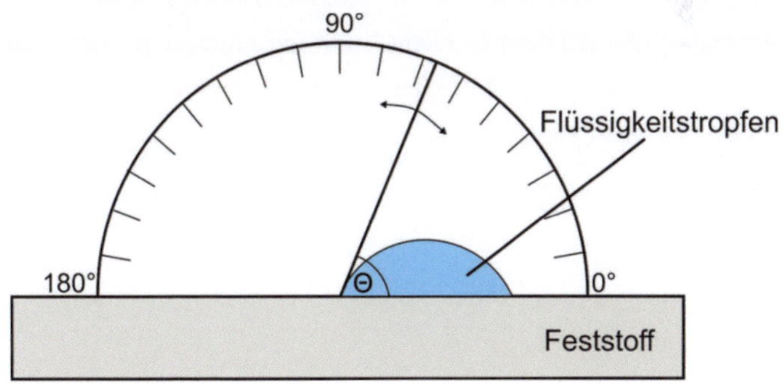

Abbildung 14: Methode der Kontaktwinkelmessung mittels Goniometer. In der Mikroskopoptik befinden sich eine integrierte Winkelskala und eine drehbare Scheibe mit einem Zeiger. Die Feststoffkante wird auf Höhe der Linie von 0° nach 180° (Basislinie) gebracht und ein Rand des Tropfens befindet sich im Mittel-punkt des Halbkreises der Winkelskala. Der Zeiger wird nun als Tangente an den Tropfen angelegt und der Kontaktwinkel kann direkt auf der Winkelskala abgele-sen werden.

Eine weitere Methode ist die Wilhelmy-Platten-Methode, bei der ein dünne Platte der Länge l in die Flüssigkeit eingetaucht und die Kraft, die benötigt wird um die Platte aus der Flüssigkeit zu ziehen, ermittelt wird. Es gilt folgender Zusammenhang zwischen der Kraft F, der Oberflächenspannung γ der Flüssigkeit und dem Kontaktwinkel Θ:

$$F = l \cos \Theta \, \gamma_{fl./g.} \qquad (16)$$

Ist der Kontaktwinkel kleiner 90°, sagt man, die Flüssigkeit benetzt die Oberfläche, ist er hingegen größer 90° spricht man von einem Nichtbenetzen der Oberfläche. Diese Eigenschaft kann auch für das Befüllen bzw. Entleeren von kleinen Kanälen, ausgenutzt werden. Bei einer benetzenden Oberfläche zieht sich die Flüssigkeit von selbst in den kleinen Spalt. Dieser Effekt wird als Kapillarität bezeichnet [8]. Bei einer nichtbenetzenden Oberfläche wird die Flüssigkeit zurückgedrängt.

Im Rahmen dieser Arbeit wurde ein Kontaktwinkelmessgerät von Erma Inc. verwendet (ähnlich dem G-1 von Erma Inc., Japan), bei dem mit Hilfe eines Goniometers der Kontaktwinkel von Wassertropfen auf der Substratoberflächen bestimmt wurde.

4. Ventilplattform

Das folgende Kapitel beschreibt zunächst den Aufbau der elektronischen Plattform, die als Grundlage für die verschiedenen Ventil- bzw. Aktorsysteme dient. Im Anschluss daran wird auf die Software zur Ansteuerung dieser Plattform und somit der Ventile/Aktoren eingegangen. Im Abschnitt 4.3 werden die Funktionsprinzipien der aufgebauten Ventile bzw. des Aktors erläutert und mit aus der Literatur bekannten Systemen verglichen. Im Anschluss daran wird die im Rahmen dieser Arbeit entwickelte Bondmethode zum Verbinden von Epoxidbauteilen mit PDMS-Membranen vorgestellt.

4.1 Elektronische Plattform

Die elektronische Plattform besteht aus drei Hauptbestandteilen: einem Peltierelement, einer Widerstandsplatine (im Folgenden Heizpixelarray genannt), und einer Platine zur Ansteuerung dieser beiden Bestandteile (im folgenden Steuerplatine genannt). In diesem Abschnitt der Arbeit wird auf die Dimensionierung des Heizpixelarrays, den Aufbau der elektronischen Plattform sowie ihre Ansteuerung eingegangen.

4.1.1 Dimensionierung des Heizpixelarrays

Das Heizpixelarray stellt die Grundlage für alle thermischen Ventilaufbauten in dieser Arbeit dar. Hierfür galt es zunächst geeignete Designparameter zu finden und festzulegen. Die Gesamtfläche des Heizpixelarrays ist durch die Abmaße des Peltierelementes (Typ DAC060-24-02, hergestellt von Laird Technologies®, USA, bezogen von Telemeter Electronic GmbH, Deutschland) festgelegt, das eine Grundfläche von 6 cm × 12 cm besitzt.

Als Heizwiderstände kommen SMD-Widerstände vom Typ 0603 (Yageo, bezogen von RS Components GmbH, Deutschland) mit einem Widerstandswert von 330 Ω und äußeren Abmaßen von 0,8 mm × 1,6 mm × 0,5 mm zum Einsatz. Um die Abstände der Widerstände auf der Platine festzulegen, wurden Simulationen zur Temperaturverteilung im Aufbau mit der in SolidWorks eingebetteten Software COSMOS/FloWorks durchgeführt. Hierzu wurden zunächst ein potentieller Aufbau des Heizpixelarrays sowie ein dazugehöriger mikrofluidischer Aufbau mit Durchflussventilen (siehe Abschnitt 4.3.1) konstruiert. Dieser Aufbau umfasste 8 Kanäle mit je 3 Ventilen pro Kanal, die hintereinander angeordnet waren. Die Bauteile wurden mit Hilfe der Software zu einer Baugruppe zusammengefasst und mit den geforderten thermischen Materialparametern versehen. Anschließend wurden verschiedene Abstandsszenarien der Widerstände unter real einzuschätzenden Temperaturbedingungen (Raumtemperatur von 25 °C), einer Oberflächentemperatur des Peltierelementes von 0 °C und einer Flussrate von 40 µl/min des Arbeitsmediums, simuliert. Als Arbeitsmedium wurde Tetradekan angenommen, das eine Schmelztemperatur von 6 °C besitzt [64]. Die Temperaturverläufe, die für das Abkühlen des Peltierelementes sowie die Temperaturkurven der Widerstände in das System eingespeist wurden, entstammen Infrarotaufnahmen (Mikron MikroSHOT, hergestellt von Mikron Infrared Inc., USA) des Peltierelementes beim Abkühlvorgang auf 0 °C und eines SMD-Widerstandes des zu verwendenden Typs beim Anlegen einer Spannung von bis zu 14 V. Die Resultate wurden hinsichtlich der thermischen Verteilung auf der Widerstandsplatine und im mikrofluidischen Aufbau, sowie im Hinblick auf die Vermeidung von thermischem Crosstalk untersucht. Es sollte also eine Adressierung der einzelnen Widerstände möglich sein, ohne die Nachbarventilregion zu beeinflussen.

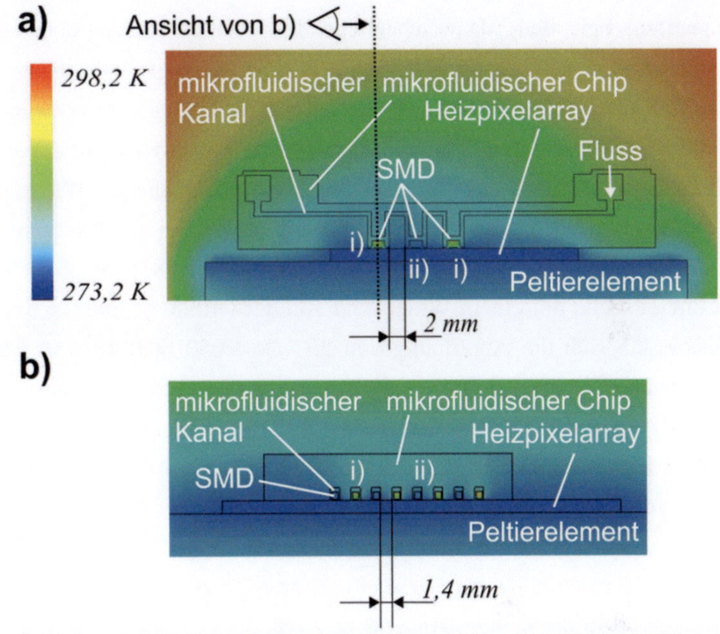

Abbildung 15: **Wärmeverteilung der Baugruppe als Ergebnis der Simulation zur Bestimmung der optimalen Packungsdichte mit COSMOS/FloWorks. Die Temperaturskala gilt für beide Bildteile. Es wurde von einer Peltiertemperatur von 0 °C sowie einer Raumtemperatur von 25 °C ausgegangen. Das System wurde zunächst 20 Minuten gekühlt (alle Ventile geschlossen). Im Anschluss wurde jeder zweite Widerstand bei 100 % Heizleistung (gekennzeichnet mit i) ca. 60 s erhitzt, die anderen Widerstände blieben inaktiv (0 % Heizleistung, gekennzeichnet mit ii), bis sich ein Gleichgewichtszustand einstellte. Wie die Abbildungen zeigen, erlaubte diese Packungsdichte eine Adressierung der einzelnen Widerstände ohne eine Beeinflussung der Nachbarventilregionen. a) Baugruppe in der Seitenansicht auf einen Kanal, in welchem die beiden äußeren Widerstände beheizt wurden. Der Abstand zwischen zwei Ventilbereichen betrug 2 mm. b) Ansicht auf den Querschnitt der acht Kanäle in einem der Ventilbereiche. An dieser Position wurde jeder zweite Widerstand beheizt. Der Abstand zwischen den Kanälen betrug 1,4 mm.**

Aus den Simulationsdaten wurde der Abstand als optimal ausgewählt, bei dem ein Beheizen von jedem zweiten Widerstand keine Erhöhung der

Temperatur bei den dazwischenliegenden Widerständen über den Schmelzpunkt des fluidischen Mediums hinaus, erzeugte. Als dichtestes Rastermaß hatte sich ein Abstand von 1,4 mm in Richtung der schmalen Widerstandsseite und von 2 mm in Richtung der längeren Seite erwiesen (siehe Abbildung 15). Unter Berücksichtigung der Abmaße des Widerstandes inklusive der benötigten Lötflächen von 1 mm × 2,6 mm (entnommen einer Empfehlung für SMD-Bauteile derselben Größe [81]) ergab sich so eine Einheitszelle mit einem Widerstand von der Größe 2,4 mm × 4,6 mm. Daraus ergab sich die Anordnung von 25 × 26 = 650 oder 13 × 50 = 650 Widerständen auf der Fläche von 6 cm × 12 cm des Peltierelementes. Um an den Rändern des Feldes einen etwas größeren Abstand zu haben und eine gute Kühlleistung auch für die Randwiderstände zu erreichen, wurde die Anzahl der Widerstände in jede Richtung um eins reduziert. Für das Heizpixelarray wurde die Anordnung von 12 × 49 = 588 Widerständen ausgewählt, da sich diese mit einem einfacheren Layout und deutlich weniger Bauteilen auf der Steuerplatine (siehe Abbildung 17) umsetzen ließ.

4.1.2 Aufbau und Ansteuerung der elektronischen Plattform

Aus den Simulationen (siehe Abschnitt 4.1.1) ergab sich eine Anordnung von 12 × 49 Widerständen für das Heizpixelarray als bester Kompromiss zwischen geringem thermischen Crosstalk und hoher Packungsdichte. Die einzelnen Widerstände wurden auf einer Multilayerplatine in 12 Reihen (A-L) und 49 Spalten (1-49) angeordnet. An jedem Kreuzungspunkt der Leiterbahnen befindet sich zusätzlich zu den SMD-Widerständen noch ein Schottky Diode (NXP – PMEG400EL315, bezogen von Farnell GmbH, Deutschland), die bewirkt, dass der Strom nur in eine Richtung durch den Widerstand fließen kann. Die Anordnung der Widerstände und Dioden auf der Platine entspricht der einer Diodenmatrix (siehe Abbildung 16).

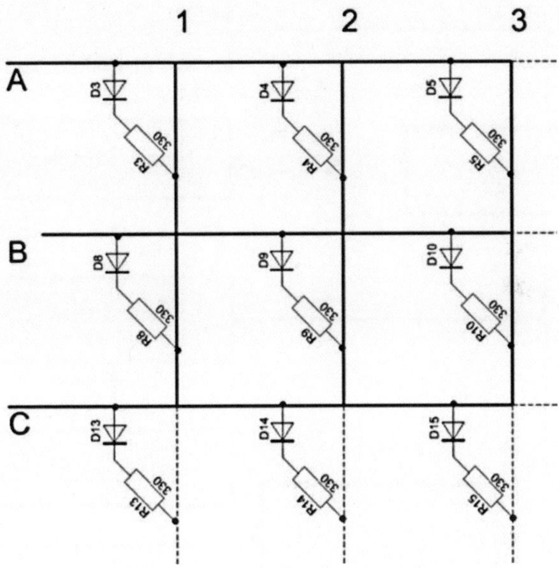

Abbildung 16: Schematische Darstellung einer Diodenmatrix. An jedem Kreuzungspunkt befinden sich jeweils ein Widerstand sowie eine Diode, die dafür sorgt, den Strom nur in einer Richtung durch den Widerstand fließen zu lassen.

Das grundlegende Zusammenspiel der einzelnen Bauteile der Elektronikplattform ist in Abbildung 17 in Form eines Blockschaltbildes dargestellt. Über die Steuerplatine werden die Stellsignale an das Heizpixelarray übertragen. Diese Stellsignale bestimmen, welcher Widerstand aktuell beschaltet wird. Auf der Steuerplatine befindet sich ein Mikrocontroller (Atmel – Atmega8-16PU, bezogen von Farnell GmbH, Deutschland), der über das 24 V Netzteil und einen 5 V Spannungsregler mit Strom versorgt wird. Dieser kommuniziert mit einem PC über eine serielle RS232-Schnittstelle.

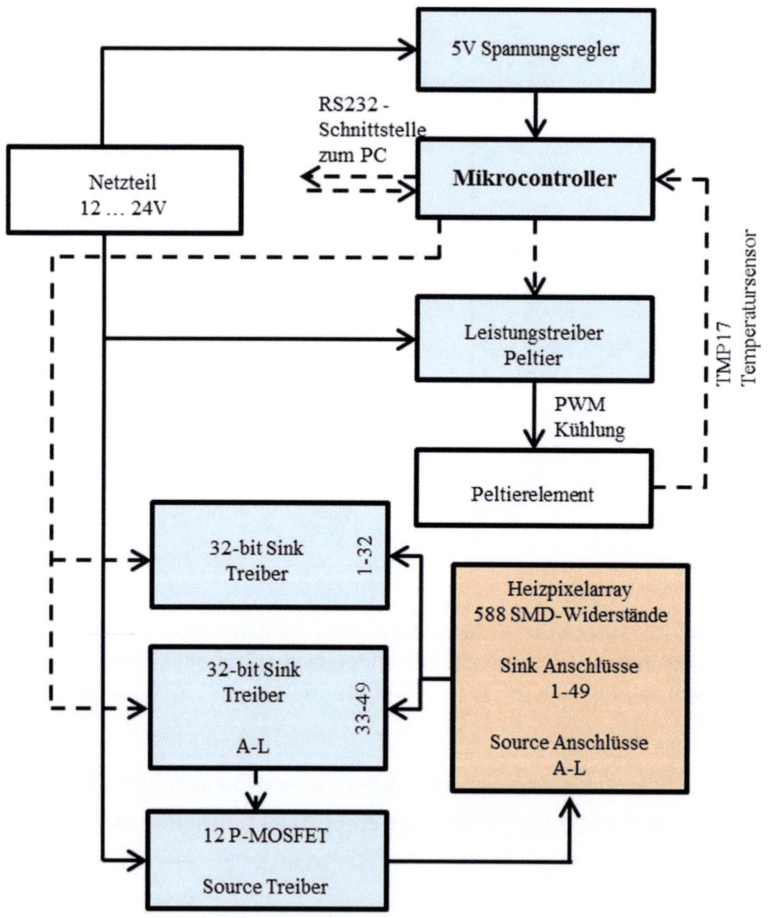

Abbildung 17: **Blockschaltbild der elektronischen Plattform. Die durchgezogenen Pfeile stellen die Strompfade dar, die gestrichelten Pfeile stehen für die Signalpfade. Die blauen Kästen stehen für die Bestandteile der Steuerplatine, der rote Kasten stellt das Heizpixelarray dar.**

Die Informationen, welcher Widerstand aktuell beschaltet werden soll, werden vom Mikrocontroller an zwei 32-bit Sink Treiber (Allegro Microsystems – A6832EEP-T, bezogen von Farnell GmbH, Deutschland) weiter-

56

geleitet. Dort wird für die jeweils zu beschaltende Spalte, die zugehörige Ausgangsleitung auf Masse gesetzt. Des Weiteren werden die Informationen über die zu beschaltende Reihe von dort an den Source Treiber und die P-MOSFETs (FQD11P06/FQU11P06, bezogen von RS Components GmbH, Deutschland) übertragen. Über die Source- und Sink- Anschlüsse auf dem Heizpixelarray kann jetzt an der entsprechenden Reihe eine Spannung angelegt werden und die dazugehörigen Spalten werden auf Masse gesetzt. Auf diese Weise fließt durch die so ausgewählten Widerstände ein Strom und sie erwärmen sich (siehe Abbildung 18). Wird eine Spalte nicht auf Masse gesetzt, so kann über diesen Knotenpunkt, und somit auch diesen SMD-Widerstand, kein Strom fließen und der Widerstand bleibt kalt. An jede Reihe wird rotierend über die Zeilen A-L für jeweils 1 ms Spannung angelegt. Nun kann, bestimmt durch das entsprechende Steuersignal, eine ausgewählte Anzahl der Widerstände (1-49) der jeweiligen Reihe auf Masse gelegt werden. So ist es möglich jeden der 588 Widerstände auf dem Heizpixelarray einzeln anzusteuern. Daraus ergibt sich die Möglichkeit, beliebige Muster von beheizten und kalten Widerständen auf dem Heizpixelarray zu erzeugen, was für eine individuelle Ansteuerung von thermischen Ventilen eine wichtige Voraussetzung ist.

Das Heizpixelarray ist eine austauschbare Platine, die mit Hilfe von Steckkontakten (BKL Electronic – Buchsenleiste RM2.54 (gerade) und Präzisions-Stiftleiste RM2.54 (gerade), bezogen von Conrad Electronic SE, Deutschland) mit der Steuerplatine verbunden wird (siehe Abbildung 19). Das Peltierelement ist direkt in den Aufbau integriert. Die Steuerplatine besitzt in der Mitte eine Aussparung von der Größe des Peltierelementes, sodass sich dessen Kühlkörper direkt in die Steuerplatine einpassen lässt. Das Heizpixelarray wird direkt über dem Peltierelement angebracht und mittels der Steckkontakte mit der Steuerplatine verbunden. Über das Netzteil und einen Leistungstreiber wird das Peltierelement mit Strom versorgt.

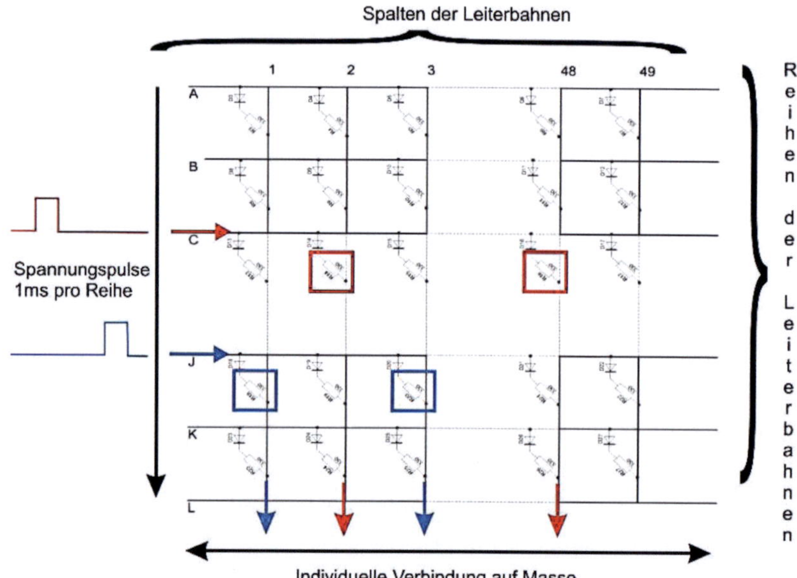

Abbildung 18: Schematische Darstellung des Schaltprinzips in der Diodenmatrix. An die Reihen (A-L) wird der Reihe nach für je 1 ms eine Spannung durch den Mikrokontroller angelegt. Die Spalten (1-49) können durch den Mikrokontroller und serielle 32-bit Sink Treiber individuell auf Masse gelegt werden. Auf diese Weise kann der Stromkreis für jeden Widerstand entlang der ausgewählten Reihe geschlossen werden, sodass ein Strom fließt und sich der Widerstand erwärmt. Als Beispiel: Wenn Reihe C einen Spannungspuls erhält und die Spalten 2 und 48 auf Masse gelegt sind, dann werden die Widerstände C2 und C48 erwärmt (rote Kästchen), wenn die Reihe J einen Spannungspuls erhält und die Spalten 1 und 3 auf Masse gelegt sind, dann werden die Widerstände J1 und J3 erwärmt (blaue Kästchen). Die Dioden sind dafür verantwortlich, dass der Strom lediglich in eine Richtung fließt.

Die Temperatur, auf die die Oberfläche gekühlt werden soll, wird ebenfalls über die RS232-Schnittstelle vom PC an den Mikrocontroller übergeben. Von dort wird das Signal zur Kühlung an den Leistungstreiber für das Peltierelement übertragen und mit Hilfe von Pulsweitenmodulation die Kühlleistung des Peltierelementes eingestellt. Mit Hilfe eines TMP17 Temperatursensors wird die aktuelle Temperatur an der Oberfläche des

Peltierelementes abgefragt und vom Mikrocontroller mit der geforderten Temperatur verglichen. Ist die Temperatur höher als die geforderte Solltemperatur, wird die Kühlleistung über eine PI-Regelung angepasst und das Peltierelement weiter gekühlt. Ist die Temperatur unterhalb der Solltemperatur wird der Kühlvorgang gestoppt und die Oberfläche mittels der Umgebungstemperatur erwärmt, bis die Solltemperatur wieder überschritten wird und die Kühlung erneut beginnt.

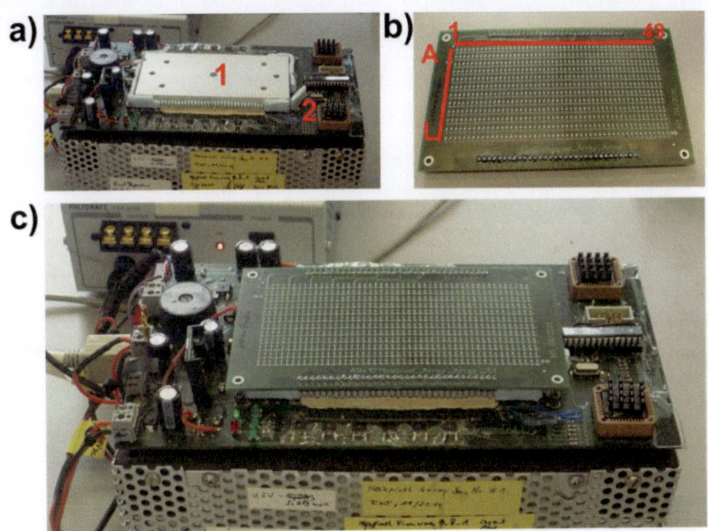

Abbildung 19: Aufnahmen der elektronischen Plattform. a) Peltierelement (1) mit der Steuerplatine (2). b) Heizpixelarray, schematisch markiert sind die Reihen (A-L) und die Spalten (1-49). c) Ansicht des Gesamtsystems mit aufgestecktem Heizpixelarray.

4.2 Software zur Ansteuerung der Ventilplattform

Für die Ansteuerung der Ventilplattform wurde in der Arbeitsgruppe eine eigene Software entwickelt, die in der Programmiersprache C# geschrieben wurde. Über eine Benutzeroberfläche kann der Anwender z. B. Einstellungen über die Leistung der einzelnen Widerstände oder die Peltiertemperatur vornehmen, die von der Software dann verarbeitet und an die Hardware übertragen wird. Auf der Anwenderoberfläche stehen dem Benutzer verschiedene Bereiche zur Verfügung (siehe Abbildung 20).

Den größten Teil nimmt das Pixelarray ein. In diesem Bereich sind in 12 Zeilen und 49 Spalten Rechtecke angeordnet, die je einem SMD-Widerstand auf dem Heizpixelarray entsprechen. Diese Kästchen können mit einem Intensitätswert von 0 % bis 100 % in Schritten von je 10 % belegt werden. Außerdem ist es möglich, mehrere dieser Kästchen zu einer Gruppe zusammenzufassen. Des Weiteren können Intensitätsmuster, d. h. unterschiedliche Intensitäten in Abhängigkeit von der Zeit, erstellt und einzelnen Pixeln oder auch Gruppen zugeordnet werden.

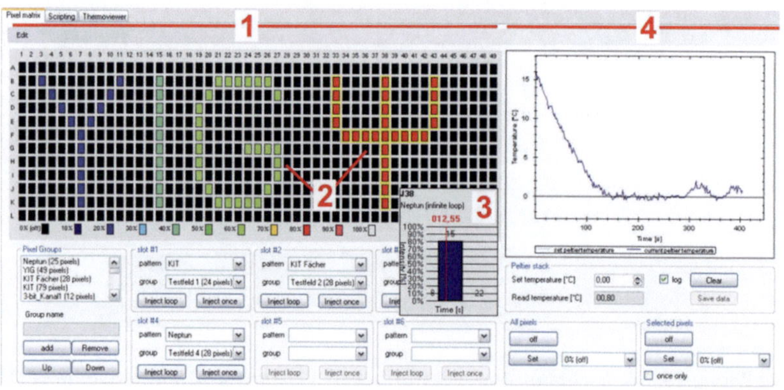

Abbildung 20: Benutzeroberfläche der Software zur Ansteuerung der elektronischen Plattform. 1 - Pixelarray zur Festlegung der Intensitäten an den einzelnen Widerständen, 2 - mit Hilfe der Software erzeugte Gruppen, die dieselbe Intensität besitzen, 3 - Beispiel für ein Intensitätsmuster (unterschiedliche Intensitäten in Abhängigkeit von der Zeit), welches auf ein Pixel oder eine Pixelgruppe angewendet werden kann, 4 - Bereich zur Überwachung der Peltiertemperatur, welche über ein Feld unterhalb des Charts eingegeben wird.

Wenn der Nutzer auf dieser Oberfläche Änderungen an den Pixeln vornimmt, werden diese im Hauptthread der Software registriert und in eine Liste mit den aktuellen Leistungswerten der einzelnen Pixel geschrieben. Außerdem wird die Ansicht der Benutzeroberfläche aktualisiert, sodass der Benutzer über ein Farbschema erkennen kann, welcher Leistungswert den einzelnen Pixeln aktuell zugeordnet ist. Ein Background-Thread übersetzt die Informationen zu den Intensitätswerten der Pixel, die in der Liste hinterlegt wurden, in die Befehle für die Hardware. Diese Trennung von Verarbeitung der Eingabe in der Benutzeroberfläche und Verarbeitung der Befehle für die Hardwarekommunikation hat den Vorteil, dass beiden Prozessen ihre eigene Systemleistung zusteht und die Kommunikation mit der Hardware nicht durch Eingaben des Benutzers gestört wird. Die Routine im Background-Thread besteht aus 3 Schritten, die in einer endlosen Schleife wiederholt wurden. Zunächst wird für die aktuelle Variable, z. B. Reihe „n" in der Liste nachgeschaut, welches aktuelle Muster für die Pixel 1 bis 49 gesetzt werden soll. Diese Werte werden dann in eine Datenkette übersetzt, die an die Hardware übermittelt wird. Im Anschluss daran wird die Variable auf „n+1" erhöht und die Prozedur beginnt von neuem. Die Kommunikation mit der Hardware erfolgt über eine serielle Schnittstelle (RS232). Auf der elektronischen Plattform verarbeitet ein Mikrocontroller die Informationen der zu beschaltenden Widerstände und leitet sie an die 32-bit Sink Treiber weiter (siehe Abschnitt 4.1.2). In den transferierten Datenketten steht entweder eine „1" für Widerstand an oder eine „0" für Widerstand aus. Die unterschiedlichen Intensitäten in der Leistung werden erzeugt, indem jeweils 10 Zyklen (ein Zyklus ist das einmalige Ansprechen von jeder Reihe) zu einer Einheit zusammengefasst werden. Sind also z. B. 30 % Intensität gewünscht, so bekommt dieser Widerstand dreimal die „1" gesendet und 7-mal die „0", es fließt also in drei von 10 Zyklen ein Strom. Werden 80 % der Leistung vom Benutzer gefordert, so wird der Widerstand in 8 von 10 Zyklen unter Strom gesetzt. Da die Rotationszeit für einen Zyklus bei 12 ms liegt, kommt es auf Grund der thermischen Trägheit der SMD-Widerstände zu keiner Pulsation in der Wärmeabgabe. Die korrekte Übermittlung der Intensitätswerte und die Ansprache der einzelnen Widerstände kann mit Hilfe einer Infrarotkamera überprüft werden (siehe Abbildung 21).

Die Peltiertemperatur kann ebenfalls in der Benutzeroberfläche eingegeben werden. Diese wird vom Hauptthread in Steuersignale übersetzt und direkt an den Mikrocontroller gesendet. Zu diesem Zweck kann der Hauptthread für einen kurzen Moment den Background-Thread stoppen, damit nicht gleichzeitig zwei Informationen an den Mikrocontroller übergeben werden. Die Information über die Peltiertemperatur wird vom Mikrocontroller dann an den Leistungstreiber weitergeleitet und, wie in Abschnitt 4.1.2 beschrieben, verarbeitet.

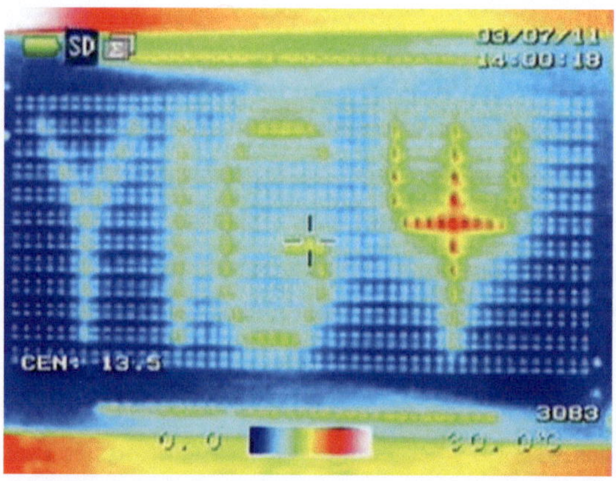

Abbildung 21: Infrarot-Aufnahme des Heizpixelarrays. Die Leistung der einzelnen Gruppen im Schriftzug „YIG Ψ" steigt von links nach rechts an (analog der Softwareeinstellung in Abbildung 20). Die Aufnahme wurde bei Raumtemperatur mit einer Kühlleistung des Peltierelementes von 0 °C und ohne thermische Last auf der Platine, d. h. an Luft, aufgenommen.

Die eigentliche Temperaturregelung erfolgt somit direkt auf der Hardware. In regelmäßigen Abständen wird die Kommunikation des Background-Thread mit dem Mikrocontroller für 1 ms unterbrochen, um den aktuellen Temperaturwert des Peltierelementes an den Hauptthread zu übergeben. Dieser wandelt den digitalen Wert wieder in einen analogen Wert um und stellt ihn in einem Diagramm für den Benutzer auf der Anwenderoberfläche dar, das die Peltiertemperatur über die Zeit zeigt.

4.3 Umgesetzte Ventil- bzw. Aktortypen auf der Plattform

In diesem Abschnitt werden die verschiedenen Ventil- bzw. Aktortypen, die auf der elektronischen Plattform aufgebaut wurden, näher erläutert. Zunächst wird auf den Ansatz des Durchflussventils als direktes Phasenübergangsventil eingegangen. Im Anschluss daran werden das indirekte Phasenübergangsventil auf der Grundlage einer Volumenausdehnung und das Konzept des Shift-Gate-Aktor vorgestellt.

4.3.1 Durchflussventil

Der einfachste Typ eines Phasenübergangsventils ist das direkte Ventil, bei dem der Kanal direkt durch das Phasenübergangsmaterial blockiert wird. Auf diese Weise entfallen ein mehrstufiger Aufbau des Systems und ein Bondschritt durch das Aufbringen einer flexiblen Membran, wie sie für indirekte Ventile (siehe Abschnitt 2.3.1) benötigt werden. Dadurch gibt es im Ventil keine mechanisch beweglichen Komponenten und die Anfälligkeit für Leckagen wird deutlich verringert. Des Weiteren gibt es in diesem Ventilaufbau kaum Totvolumen, da der Kanal direkt blockiert wird. Eine besondere Variante der direkten Phasenübergangsventile sind Ventile, in denen das Phasenübergangsmaterial mit dem fluidischen Medium identisch ist. Das Fluid wird also in den festen Zustand überführt und direkt dazu benutzt, den Kanal zu blockieren und somit das Ventil zu verschließen. In der Literatur wurden bereits einige Systeme beschrieben, die nach diesem Prinzip funktionieren. So wurde das Einfrieren z. B. mittels Aufsprühen von flüssigem CO_2 [50] oder das Kühlen durch Peltierelemente [51, 52, 54] erreicht. Weitere Informationen zu diesen Arbeiten sind in Abschnitt 2.3.3 zusammengefasst. Alle diese aus der Literatur bekannten Systeme beschreiben das Ventilprinzip und zeigen Ergebnisse für ein Mikroventil oder lediglich eine kleine Anzahl von Ventilen.

Im Rahmen dieser Arbeit wurde ein Ventil entwickelt, das auf der in Abschnitt 4.1 beschriebenen elektronischen Plattform in einer Ventilplattform mit bis zu 588 individuell ansteuerbaren Mikroventilen realisiert werden kann. Hierbei wird das Peltierelement für die Kühlung und die einzelnen SMD-Widerstände als individuell adressierbare Heizzonen verwendet.

Der generelle Ventilaufbau ist in Abbildung 22 dargestellt. Die mikrofluidischen Kanäle befinden sich in einem Epoxidbauteil. Sie haben einen rechteckigen Querschnitt und einen „U-förmigen" Verlauf im Material. Dieser „U-förmige" Verlauf ist vorteilhaft, da auf diese Weise der mikrofluidische Kanal in zwei Ebenen verläuft, von denen lediglich die untere Ebene in direktem Kontakt mit der Wärmesenke steht. Das Epoxidbauteil wird so auf dem Heizpixelarray befestigt, dass sich jeweils am Boden des „U" ein SMD-Widerstand befindet. Dieser Bereich des Kanals ist die aktive Ventilzone, also der Bereich, in dem der Kanal blockiert bzw. wieder freigegeben wird. Unterhalb der Platine befindet sich das Peltierelement. Dieses entzieht dem gesamten System permanent Wärme. Liegt die Peltiertemperatur unterhalb der Schmelztemperatur des verwendeten Fluids, so gefriert dieses im unteren Kanalbereich und blockiert damit den Fluss. Das Ventil ist also geschlossen. Auf Grund der permanenten Wärmeabfuhr durch das Peltierelement ist dies der Normalzustand des Ventils. Soll der Kanal wieder freigegeben werden, so wird am SMD-Widerstand eine Spannung angelegt und mit Hilfe der erzeugten Wärme das erstarrte Fluid wieder verflüssigt. Das Ventil ist also geöffnet und der Fluss freigegeben.

Wird der Widerstand jetzt wieder deaktiviert, so wird die Wärme vom Peltierelement abgeführt und der Kanal wieder geschlossen. Mit diesem Aufbau wird also eine Möglichkeit geschaffen, 588 einzeln ansteuerbare Ventile auf einer Plattform mit den Abmaßen von 6 cm × 12 cm zu integrieren.

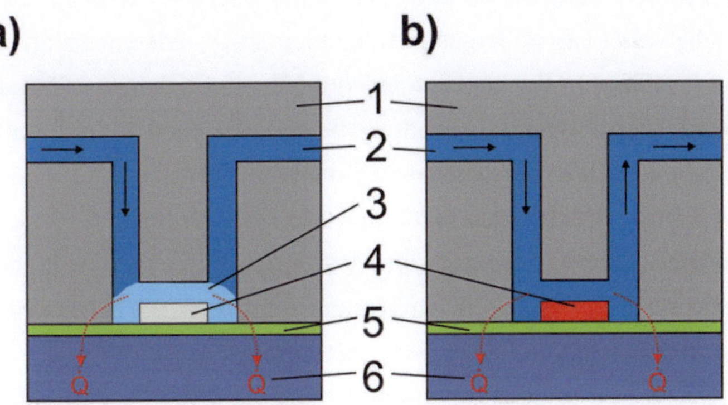

Abbildung 22: Funktionsprinzip des Durchflussventils. Dem System wird auf Grund der permanenten Kühlung durch das Peltierelement ständig Wärme entzogen, was dazu führt, dass die Flüssigkeit am Boden des Kanals – in der sogenannten aktiven Ventilzone – gefriert. Durch Anlegen einer Spannung am Widerstand erwärmt sich dieser, das gefrorene Fluid schmilzt und gibt den Kanal wieder frei. a) Normalzustand des Ventils, der Fluss ist durch einen Feststoffpfropfen des Fluids im Kanal blockiert. b) Offener Zustand des Ventils, das Fluid kann ungehindert im Kanal strömen. 1 - starres Material (Epoxid), 2 - fluidischer Kanal mit Medium, 3 - gefrorenes Medium im Ventilbereich des mikrofluidischen Kanals, 4 - SMD-Widerstand (hellgrau - kalter Widerstand, rot - heißer Widerstand), 5 - Platine des Heizpixelarrays, 6 - Peltierelement.

4.3.2 Aktor auf Grundlage einer Volumenausdehnung

Eine weitere Variante der Phasenübergangsventile sind die indirekten Ventile. Diese haben zwar den Nachteil eines zusätzlichen Aufbauschrittes, jedoch ist das Phasenübergangsmedium in dieser Anordnung vom Fluid im

System separiert. Es kommt also zu keiner Beeinträchtigung des fluidischen Mediums durch die Temperaturschwankungen während des Phasenübergangs, was z. B. für biologische Anwendungen von großer Bedeutung ist. Bei diesen Ventilen wird die Volumenausdehnung des Phasenübergangsmaterials während des Phasenübergangs als Antriebskraft für den Aktor benutzt (siehe hierzu auch Abschnitt 2.3.1). Im Rahmen dieser Arbeit kamen als Phasenübergangsmaterialien unter anderem Paraffinwachse zur Anwendung. In den meisten aus der Literatur bekannten Paraffinaktoren wurde die Volumenausdehnung beim Schmelzen dazu genutzt, eine flexible Membran zu verschieben und dadurch den mikrofluidischen Kanal, analog zu den pneumatisch aktuierten Membranventilen, zu verschließen. Ein solcher Aktor wurde auch auf der im Rahmen dieser Arbeit entwickelten elektronischen Plattform aufgebaut. Abbildung 23 zeigt schematisch den Aufbau und die Funktionsweise des Aktors.

Als Heizquelle wird auch in diesem Aufbau ein SMD-Widerstand verwendet, der sich in einer mit dem Phasenübergangsmedium gefüllten Kammer befindet. Das Bauteil, das die Kammer für das Phasenübergangsmedium enthält, besteht aus einem Epoxid und wird mit einer PDMS-Membran abgeschlossen. Oberhalb dieser Membran befindet sich ein weiteres Epoxidbauteil, in dem sich die Strukturen für die Übertragung des Aktorhubs befinden. Diese Strukturen haben die Form eines rechteckigen Pyramidenstumpfes und sind mit einer inkompressiblen Flüssigkeit befüllt, da somit eine gleichmäßige Übertragung und Fokussierung des Aktorhubs stattfindet. Es handelt sich daher im klassischen Sinne um eine hydraulische Druckübertragung. Dieses Bauteil ist ebenfalls mit einer flexiblen PDMS-Membran abgeschlossen. Bei ausgeschaltetem Widerstand befindet sich der Aktor im inaktiven Zustand und ein mikrofluidisches System oberhalb des Aktors wäre geöffnet.

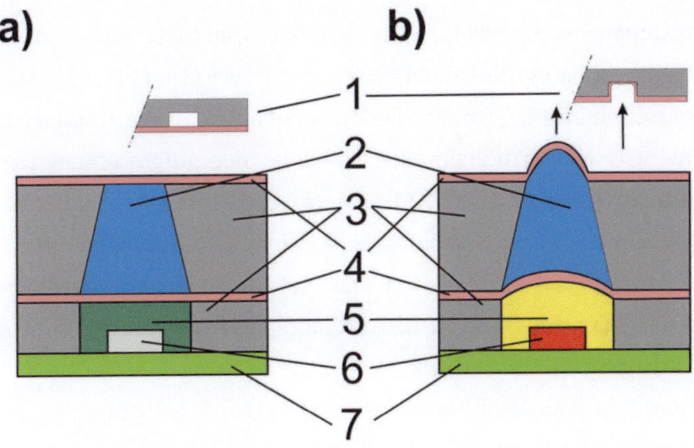

Abbildung 23: Funktionsprinzip des Aktors auf Grundlage einer Volumenausdehnung. Für die Funktion dieses Aktors wird die Ausdehnung eines PC-Materials beim Phasenübergang von fest nach flüssig ausgenutzt. Im erkalteten Zustand befindet sich das PC-Material in seiner vorgesehenen Kammer und es kommt zu keiner Auslenkung der Membran und somit auch nicht zum Verschließen des mikrofluidischen Kanals. Wird an den Widerstand eine Spannung angelegt, erhitzt sich dieser und das PC-Material schmilzt. Durch die Volumenausdehnung kommt es zu einer Deflektion der über dieser Kammer liegenden flexiblen Membran. Diese wird durch die darüber liegende Flüssigkeitskammer fokussiert und kann so einen mikrofluidischen Kanal verschließen. a) Aktor im inaktiven Zustand, im mikrofluidischen System ist der Kanal in diesem Schaltzustand geöffnet. b) Aktivierter Zustand des Systems, Volumenausdehnung des flüssigen PC-Materials wird durch das Mittlermedium auf den mikrofluidischen Kanal übertragen, sodass dieser verschlossen wird. 1 - mikrofluidisches System, 2 - Mittlermedium (Fluid), 3 - starres Material (Epoxid), 4 - elastische Membran (PDMS), 5 - PC-Material (grün - festes PC-Material, gelb - flüssiges PC-Material), 6 - SMD-Widerstand (hellgrau - kalter Widerstand, rot - heißer Widerstand), 7 - Platine.

Wird jetzt an den Widerstand eine Spannung angelegt, entsteht Wärme und das PC-Material schmilzt. Auf Grund der Volumenausdehnung des Materials beim Phasenübergang dehnt dieses sich aus und wölbt die Membran in die über ihr liegende Kammer mit dem Mittlermedium. Da dieses inkompressibel ist, wird die Volumenverdrängung an die Membran oberhalb dieser Kammer weitergeleitet. Da sich das verdrängte Volumen während des Übertragungsschrittes nicht ändert, wird auf Grund der Verringerung der Querschnittsfläche, die auf die Pyramidenform dieser Kammer zurückzuführen ist, eine Erhöhung der Hubhöhe der aufgewölbten Membran oberhalb der Kammer erzielt. Mit dieser ausgelenkten Membran kann ein mikrofluidischer Kanal verschlossen werden. Bei Abschalten des Widerstandes erkaltet das PC-Material und zieht sich wieder zusammen. Auf Grund der Rückstellkräfte in den Membranen kehrt der Aktor wieder in seinen Ausgangszustand zurück.

Mit diesem Aufbau steht ein weiterer Aktor zur Verfügung, der in großer Anzahl auf der elektronischen Plattform und dem Heizpixelarray integriert und separat angesteuert werden kann. Durch die Einführung der Zwischenschicht mit dem fluidischen Mittlermedium wird zum einen eine hydraulische Weitergabe und Fokussierung der Volumenausdehnung des PC-Materials erreicht, zum anderen erfolgt aber auch eine thermische Trennung des mikrofluidischen Systems vom Phasenübergangsbereich. Somit unterliegen die Medien des mikrofluidischen Systems nicht mehr den Temperaturschwankungen des Aktors während des Schaltvorganges.

4.3.3 Shift-Gate-Aktor

Das bereits vorgestellte Durchflussventil benötigt für seine Funktionsfähigkeit eine permanente Kühlung durch das Peltierelement und somit auch eine permanente Energiezufuhr. Auch der Aktor auf der Grundlage einer Volumenausdehnung benötigt zum Halten des geschlossenen Ventilzustands ein permanentes Heizen, da sonst die Volumenausdehnung wieder zurückgeht.

Bistabile Ventile hingegen benötigen lediglich zum Schalten zwischen den beiden Aktorzuständen die Zufuhr von Energie. Aus der Literatur sind bistabile Ventile bekannt, die auf Grund thermischer Aktivierung ihren Zustand wechseln. Odgen et al. haben ein System vorgeschlagen, das mit

Paraffin als Aktormedium arbeitet [46]. Bei Wärmezufuhr schmilzt das Paraffin und die Volumenausdehung deformiert eine Membran. Im Anschluss wird die Wärmezufuhr zonenweise ausgeschaltet, sodass das Paraffin als erstes im Bereich der verformten Membran erstarrt und so diesen Zustand bis zur nächsten Erwärmung hält. Wird die Wärmezufuhr in einer anderen Reihenfolge abgeschaltet, kann das Paraffin sich zurückzuziehen und der Ausgangszustand wird wieder erreicht. Ein anderer Ansatz von Yang und Lin bzw. Shaikh et al. sieht vor, dass das Aktormedium (Paraffin bzw. Field'sches Metall) durch Wärmezufuhr aufgeschmolzen wird und anschließend durch eine äußeren Druck gegen eine Membran verschoben wird und diese verformt [42, 43]. Durch Wegnahme der Wärmezufuhr während der Druck anliegt, wird eine Beibehaltung der Deformation auch im erstarrten Zustand erreicht. Durch erneutes Aufschmelzen ohne Anlegen eines äußeren Druckes kann der Aktor wieder in seinen Ausgangszustand zurückkehren.

Diese Ventile benötigen zwar lediglich Energie zum Aufschmelzen des Aktormaterials, da der Hub aber ausschließlich über die Volumenausdehnung des Aktormaterials bzw. eine Verschiebung von diesem erzeugt wird, sind je nach benötigtem Hub größere Mengen an Material notwendig. Dadurch erhöht sich auch die benötigte Wärmemenge, die dem System zum Schmelzen zugeführt und für das Erstarren wieder entzogen werden muss. Somit ist auch die Reaktionszeit des Systems von der Menge des verwendeten Aktormaterials abhängig.

Im Rahmen dieser Arbeit wurde ein Aktor entwickelt, der bistabil betrieben werden kann und darüber hinaus in keiner direkten Abhängigkeit vom zu erreichenden Aktorhub und die dafür einzusetzende Menge an Aktormaterial steht (siehe Abbildung 24 und Abbildung 25).

Dieser Aktor besteht ebenfalls aus einem Heizwiderstand, der sich direkt in einer mit PC-Material gefüllten Kammer befindet. Im Vergleich zu den Aktoren auf Grundlage einer Volumenausdehnung ist allerdings die Menge an PC-Material deutlich verringert. Das Epoxidbauteil, das die Kammer für das PC-Material enthält, wird mit einer PDMS-Membran abgeschlossen. Über dieser Membran befindet sich ein weiteres Epoxidbauteil, welches zwei mikrofluidische Kanäle enthält und ebenfalls mit einer PDMS-Membran abgeschlossen wird. Einer dieser Kanäle wird als Gatekanal bezeichnet. Dieser Gatekanal ist über einen mikrofluidischen Kanal mit der sogenannten Gateshiftkammer verbunden, die eine Sackgasse bildet. Der zweite Kanal ist der sogenannte Sourcekanal. Von diesem geht ein weiterer mikrofluidischer Kanal ab, der über die Sourceshiftkammer zur Aktorkammer führt, die ebenfalls eine Sackgasse bildet. Alle Kanäle sind mit einer inkompressiblen Flüssigkeit, wie z. B. FC-40 befüllt.

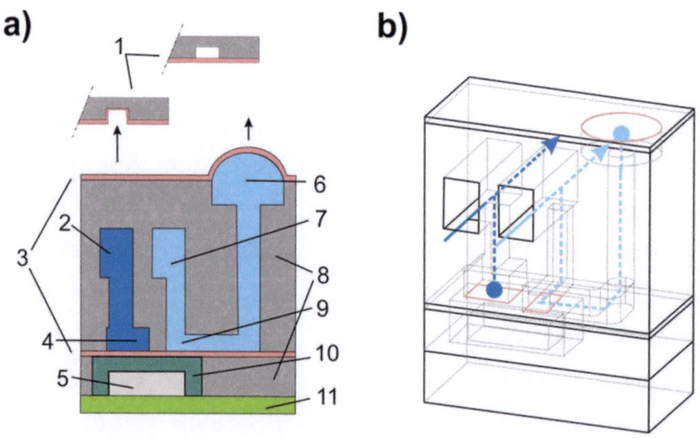

Abbildung 24: Aufbau des Shift-Gate Aktors. a) Prinzipskizze des thermisch aktuierten Shift-Gate-Aktors. b) Drahtgittermodell der 3D-CAD-Ansicht einer einzelnen Aktorzelle mit den Flüssigkeits- bzw. Druckströmen für den Gatekanal (dunkelblau) und den Sourcekanal (hellblau). Die Punkte symbolisieren die jeweiligen Endpunkte des Flusses innerhalb einer Aktorzelle. Die rosa umrandeten Flächen markieren die Membranbereiche, die deformiert werden. 1 - mikrofluidisches System, 2 - Gatekanal, 3 - elastische Membranen (PDMS), 4 - Gateshiftkammer, 5 - SMD-Widerstand, 6 - Aktorkammer, 7 - Sourcekanal, 8 - starres Material (Epoxid), 9 - Sourceshiftkammer, 10 - PC-Material, 11 - Platine.

Der Gate- und der Sourcekanal können beide unabhängig voneinander mit einem externen Druck beaufschlagt werden. Wird an den Sourcekanal ein Druck angelegt, kommt es zur Deformation der Membran an der Aktorkammer. Diese Deformation kann dazu genutzt werden einen darüber liegenden mikrofluidischen Kanal, analog zu pneumatisch aktuierten Membranventilen, zu verschließen. In diesem Zustand ist der Aktor allerdings noch nicht bistabil. Im Ausgangszustand (Widerstand deaktiviert, also kalt) hat ein Druck auf den Gatekanal keine Auswirkungen. Wird jetzt allerdings an den Widerstand eine Spannung angelegt, erwärmte er sich und das PC-Material schmilzt. Das flüssige PC-Material kann durch Druck auf den Gatekanal verschoben werden. Diese Verschiebung verschließt dann, ebenfalls in Analogie zu den pneumatisch aktuierten Membranventilen, die Sourceshiftkammer. Dadurch wird, unabhängig davon ob momentan ein Druck auf dem Sourcekanal (Aktorhub) oder nicht (kein Aktorhub) liegt, dieser Schaltzustand stabilisiert. Schaltete man jetzt den Widerstand ab und lässt das PC-Material in dieser Position erkalten, kann der Druck vom Gatekanal wieder entfernt werden und der Aktorzustand bleibt stabil. Wird an den SMD-Widerstand erneut eine Spannung angelegt, verflüssigt sich das PC-Material, wodurch es wieder verschiebbar wird. Wenn nun kein Druck am Gatekanal anliegt, so relaxiert die Membran in ihren Ausgangszustand zurück und die Sourceshiftkammer wird wieder freigegeben. Je nach Druckbeaufschlagung des Sourcekanals kann dann die Aktorposition geändert werden. Für den Betrieb des Aktors ist nur zu beachten, dass der Druck auf dem Gatekanal höher sein muss als auf dem Sourcekanal. Auf Grund der gewählten Abmaße einer Aktorzelle wäre es möglich, ein komplettes Aktorarray auf der bestehenden Elektronikplattform aufzubauen. Alle Aktoren könnten über dieselben Gate- und Sourcekanäle betrieben werden. Mit diesem Aufbau wird also ein bistabiler Aktor zur Verfügung gestellt, dessen Aktorhub lediglich vom Druck auf den Sourcekanal und nicht von der zu schmelzenden Menge an PC-Material abhängt. Die Reaktionszeiten werden dadurch unabhängig vom zu erreichenden Aktorhub, was eine Verbesserung zu den bisher in der Literatur bekannten thermisch aktivierten bistabilen Mikroventilen darstellt.

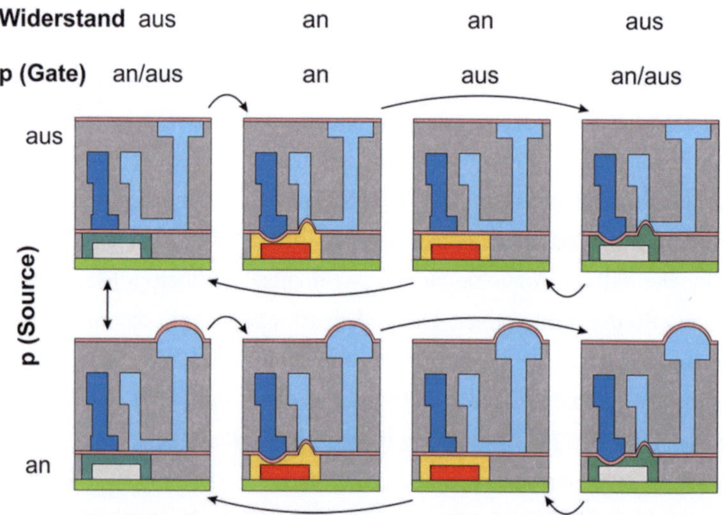

Abbildung 25: Funktionsprinzip des Shift-Gate-Aktors. Liegt kein Druck am Sourcekanal an, so kommt es zu keiner Ausdehnung der Membran an der Aktorkammer und ein mikrofluidischer Kanal wäre geöffnet. Durch Anlegen eines Druckes am Sourcekanal wird die Membran der Aktorkammer ausgebeult und kann so einen mikrofluidischen Kanal verschließen. Um diesen Zustand, ohne weiteren Druck auf dem Sourcekanal, stabil zu halten, muss die Sourceshiftkammer verschlossen werden. Hierzu wird zunächst der SMD-Widerstand unter Spannung gesetzt, sodass er sich erwärmt und das umliegende PC-Material aufschmilzt. Dieses wird dann durch Anlegen eines Druckes am Gatekanal so verschoben, dass es die Sourceshiftkammer versperrt. Durch Deaktivieren des Widerstandes, bei bestehendem Druck auf dem Gatekanal, erstarrt das PC-Material in dieser Position und der Zustand kann stabil gehalten werden. Um die Sourceshiftkammer wieder freizugeben, wird der Widerstand erneut mit einer Spannung belegt, ohne dass jedoch ein Druck auf dem Gatekanal liegt. So kann die Membran in ihren Ausgangszustand zurückgelangen. Hellgrau - Widerstand kalt, rot - Widerstand heiß, grün - festes PC-Material, gelb - flüssiges PC-Material.

4.4 Bondmethoden zwischen Epoxiden und PDMS

Für den Aufbau der im letzten Abschnitt vorgestellten Aktoren auf Grundlage einer Volumenausdehnung sowie den Shift-Gate-Aktor war es notwendig, die starren Epoxidkomponenten mit den flexiblen PDMS-Membranen zu verbinden. Bisher gab es keinen etablierten Prozess um diese beiden Materialien miteinander zu verbinden. Allerdings waren eine Reihe von Bondingmethoden für das Verbinden von PDMS-Bauteilen mit anderen PDMS-Bauteilen oder Membranen aus der Literatur bekannt (siehe Abschnitt 3.3.2). Im Rahmen dieser Arbeit wurde nach Möglichkeiten gesucht, über eine gezielte chemische Veränderung der Epoxidoberfläche ein Bonden mit PDMS zu ermöglichen.

Durch Immobilisierung von funktionalisierten Methoxysilanen auf der Oberfläche der Epoxide wurde dabei zunächst eine „Pseudo-PDMS"-Schicht erzeugt, sodass analog zu den PDMS-PDMS-Bonds mit Plasmabehandlung bzw. Coronaentladungen (siehe Abbildung 12) eine Anbindung an ein PDMS-Bauteil erfolgen konnte (siehe Abbildung 26).

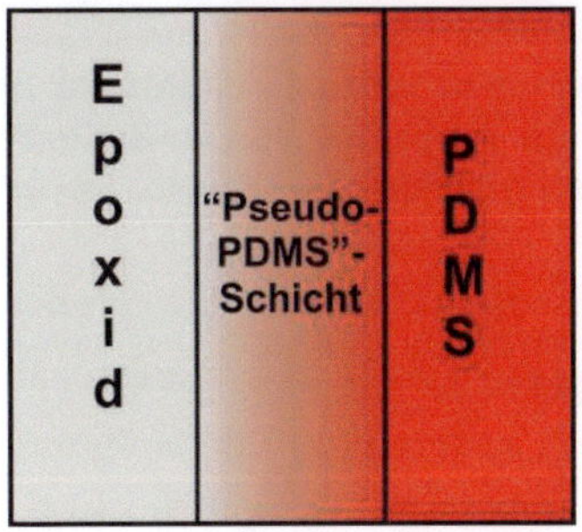

Abbildung 26: Schematische Darstellung des Bondprozesses. Auf der Epoxidoberfläche wurde eine „Pseudo-PDMS"-Schicht aufgebracht, die dann mit aus der Literatur bekannten Verfahren an das PDMS-Bauteil gebondet werden konnte.

Es wurden zwei Methoden, in Abhängigkeit von den Eigenschaften der Epoxidoberfläche, entwickelt und getestet.

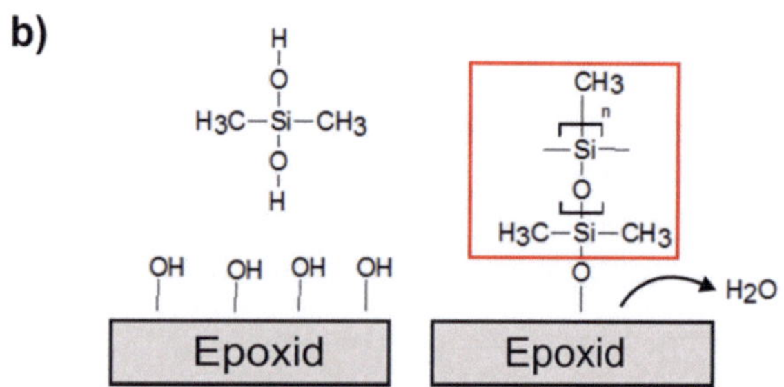

Abbildung 27: Darstellung der Silanisierung einer hydrophilen Epoxidoberfläche. a) Hydrolisierung des DMDMS unter Zugabe von Wasser, Ethanol und Salzsäure. b) Ankopplung des hydrofunktionalen DMDMS an die Hydroxygruppen auf der Epoxidoberfläche unter Abspaltung von Wasser und Ausbildung einer „Pseudo-PDMS"-Schicht auf der Oberfläche des Epoxids (rot umrandet).

Bei hydrophilen Substratoberflächen (gekennzeichnet durch eine hohe Anzahl von OH-Gruppen) konnte ein difunktionales Silan direkt an die Oberfläche des Epoxids, mittels eines Standardprozesses für nasschemische Silankopplung, angebunden werden. Hierfür wurden 0,5 ml Dimethoxydimethylsilan (DMDMS) mit 0,112 ml Wasser unter Zugabe von 41,8 µl Salzsäure und 0,75 ml Ethanol hydrolisiert, wodurch die Methoxygruppen zu Hydroxylgruppen unter Abspaltung von Methanol umgesetzt wurden. Diese hydroxyfunktionalen Silane konnten mit anderen Silanen koppeln und so eine Siloxankette bilden, die über ihre Hydroxygruppen unter Abspaltung von Wasser mit den Hydroxygruppen an der Epoxidoberfläche reagierten. So wurde auf der Epoxidoberfläche eine „Pseudo-PDMS"-Schicht ausgebildet (siehe Abbildung 27). Die DMDMS-Mischung konnte direkt auf die mit Ethanol gereinigte Oberfläche aufgetragen werden und wurde dann anschließend für 1 h bei 50 °C getempert, wobei sich die Siloxanschicht ausbildete.

Wenn die Epoxidoberfläche hingegen noch freie Epoxidringe an der Oberfläche aufwies, wurde zur Beschichtung der Oberfläche ein funktionalisiertes Silan mit Epoxidringen verwendet. Hierzu wurden 2 ml 3-Glycidyloxypropyltrimethoxysilan (GOPTS) zunächst mit 0,06 ml Triarylsulfonium hexafluorantimonat, das unter Einwirkung von UV-Licht eine Photosäure bildet, vermischt. Diese Mischung wurde auf die gereinigte Oberfläche aufgetragen und für 5 min unter UV-Licht belichtet. Durch die Photosäure wurden die Epoxidringe aufgespalten und konnten so mit den Epoxidringen auf der Oberfläche eine Verbindung eingehen. Durch eine zusätzliche Quervernetzung der Methoxygruppen kam es auch hier zur Ausbildung von Siloxanketten und somit einer „Pseudo-PDMS"-Schicht (siehe Abbildung 28).

Die beiden Methoden wurden an den 3D-Stereolithographiepolymeren SOMOS® 12120 ProtoTherm, für den Fall der Oberfläche mit Hydroxylgruppen, und Accura® 60, für den Fall der Epoxidringe an der Oberfläche, getestet. Die Bauteile wurden nach den Beschichtungsschritten jeweils mit Ethanol gereinigt und eine Überprüfung der erfolgreichen Silanisierung wurde mittels Kontaktwinkelmikroskopie durchgeführt (siehe Tabelle 2). Nach Aufbringen der „Pseudo-PDMS"-Schicht konnten die Bauteile analog dem vom PDMS-PDMS-Bonden bekannten Verfahren miteinander verbunden werden. Im Rahmen dieser Arbeit wurde das in Abschnitt 3.3.2 beschriebene Verfahren zur Oberflächenaktivierung mit Hilfe von Coronaentladung angewendet [76]. Hierzu wurden die zu verbindenden Bauteile mit Ethanol gereinigt und im Anschluss daran für mehrere Sekunden (je nach Bauteilgröße) mit der Coronaentladungsquelle behandelt. Danach wurden die zu verbindenden Oberflächen für mindestens 20 min aufeinander gepresst. Dadurch konnte sich eine Verbindung zwischen den behandelten Epoxidbauteilen und den PDMS-Membranen analog zu der Verbindung von PDMS auf PDMS (siehe Abbildung 12) ausbilden.

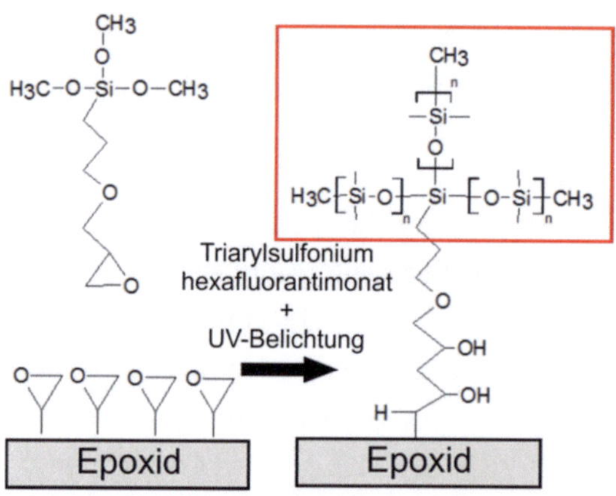

Abbildung 28: Darstellung der Silanisierung einer Epoxidoberfläche mit freien Epoxidringen. Anbinden von GOPTS unter Zugabe von Triarylsulfonium hexafluorantimonat und UV-Licht. Durch die UV-Belichtung entsteht eine Photosäure welche die Epoxidringe in der Lösung und auf der Oberfläche aufgespaltet. Infolge dessen wird das Silan direkt an die Oberfläche angekoppelt. Durch die Vernetzung der Silanenden des GOPTS-Moleküls kommt es zur Ausbildung einer „Pseudo-PDMS"-Schicht auf der Epoxidoberfläche (rot umrandet).

	Unbehandelte Oberfläche	Silanisierte Oberfläche
SOMOS® 12120 ProtoTherm	69,3° ± 2,8°	88,1° ± 2,9°
Accura® 60	77,0° ± 1,6°	88,0° ± 2,0°

Tabelle 2: Ergebnisse der Kontaktwinkelmessung der Epoxidoberflächen vor und nach der Silanisierung. Beide Methoden der Silanisierung führen zu ähnlichen Oberflächeneigenschaften der Bauteile.

5. Ergebnisse und Diskussion

Im folgenden Kapitel werden die experimentellen Ergebnisse für die vorgestellten Ventil- bzw. Aktorvarianten dargestellt und diskutiert. Außerdem werden die Ergebnisse zu den neu entwickelten Bondmethoden zwischen Epoxiden und PDMS gezeigt.

5.1 Durchflussventil

Um die Qualität der Simulationsdaten, die zur Ermittlung der Packungsdichte von SMD-Widerständen auf der Platine durchgeführt wurden (siehe Abschnitt 4.1.1), zu überprüfen, wurden zu Beginn der Ventilentwicklung Einzelventilzellen aufgebaut, die auf einer Seite von ZnS-Scheiben (Zinksulfid) begrenzt waren. Da ZnS für IR-Strahlung durchlässig ist, konnten mit diesem Aufbau Versuche durchgeführt werden, die zeitgleich mit einer IR-Kamera beobachtet werden konnten. Auf diese Weise konnten die Ergebnisse der Simulation mit realen Messwerten korreliert und verglichen werden. Für die Entwicklung der idealen Geometrie des Durchflussventils wurden zunächst diverse Versuche an einzelnen Ventilzellen durchgeführt um den Einfluss der Größe H (siehe Abbildung 29), dem Abstand zwischen den beiden Ebenen des fluidischen Kanals, bedingt durch die „U"-förmige Anordnung des Kanals im mikrofluidischen Chip, zu ermitteln. Da auf Grund der Wärmeverteilung im System ein Einfluss dieser Größe H auf die Reaktionszeiten erwartet wurde, sollte anhand dieser Versuche der optimale Abstand ermittelt werden, der auch für alle nachfolgenden Versuche angewendet wurde.

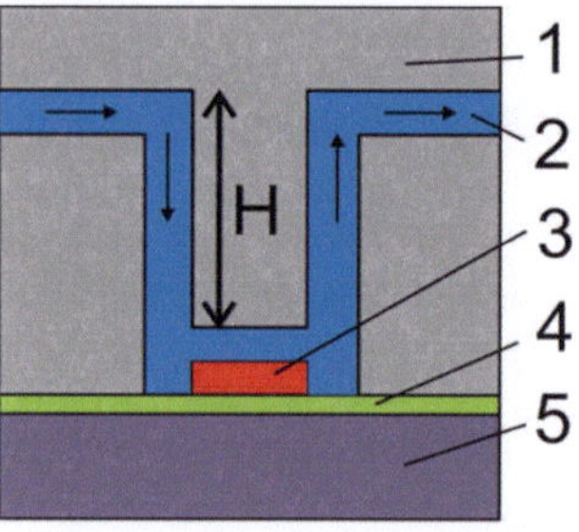

Abbildung 29: Prinzipskizze des Durchflussventils mit Definition der Größe H. Durch H wird der Abstand zwischen den beiden Ebenen des mikrofluidischen Kanals im Bauteil beschrieben. 1 - mikrofluidischer Chip (Epoxid), 2 - fluidischer Kanal, 3 - SMD-Widerstand, 4 - Platine des Heizpixelarrays, 5 - Peltierelement.

Zur Überprüfung der Funktionalität der elektronischen Plattform für eine Vielzahl von Phasenübergangsventilen und um die Skalierbarkeit des Systems zu zeigen, wurde in einem nächsten Schritt ein mikrofluidischer Aufbau mit 24 Mikroventilen, angeordnet in 8 Kanälen mit je 3 Ventilen (sequentiell im jeweiligen Kanal angeordnet), entwickelt (siehe Abbildung 30). Für diesen Aufbau wurden die Zeiten zum Öffnen und Schließen der Ventile ermittelt, wobei die einzelnen Ventile individuell adressiert wurden.

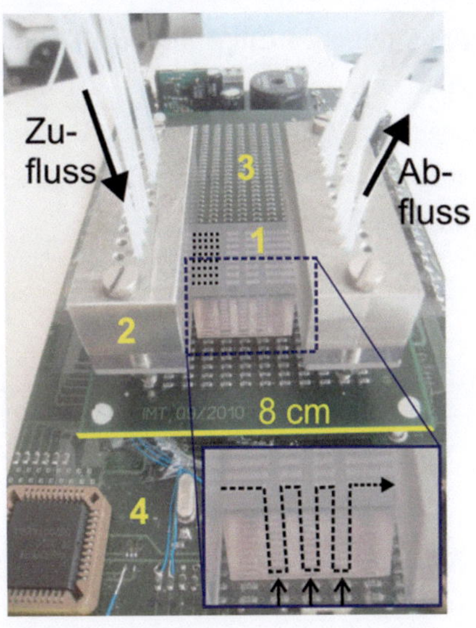

Abbildung 30: Aufnahme des experimentellen Aufbaus für das 24-Ventilsystem. Die Ventile sind in 8 Kanälen (mit gepunkteter Linie angedeutet) mit je 3 Ventilen in Reihe angeordnet, um die Verknüpfung mehrerer Ventile zu zeigen. Das innere Bild zeigt den Fluss entlang eines der 8 Kanäle und kennzeichnet die 3 Ventilregionen mit Pfeilen. Der mikrofluidische Chip (1) ist mit mikrofluidischen Multiportanschlüssen (2) verbunden, um die PTFE-Schläuche (Polytetrafluorethylen) und die Pumpe mit dem Chip zu verbinden. (3) zeigt das Heizpixelarray mit seinen 12 × 49 SMD-Widerständen und (4) die Steuerplatine. Das Peltierelement befindet sich unterhalb des Heizpixelarrays.

5.1.1 Systemaufbau

Die mikrofluidischen Chips für alle durchgeführten Versuche des Durchflussventils wurden aus Accura® 60 mittels Stereolithographie hergestellt. Bei den Versuchen zur Überprüfung der Simulationsdaten lag der fluidische Kanal offen und wurde zunächst mit einer Zn-Scheibe verschlossen (siehe Abbildung 31). Dazu wurden sowohl der mikrofluidische Chip als auch die ZnS-Scheibe mit Ethanol gereinigt und anschließend mit DELO-KATIOBOND 4552 aufeinander geklebt. Hierfür wurde der zu verklebende Bereich des mikrofluidischen Chips mit dem Klebstoff bestrichen und dieser anschließend für ca. 15 s unter einer UV-Lampe (OSRAM Ultra-Vitalux 300W, bezogen von Conrad Electronic SE, Deutschland) aktiviert. Danach wurde die ZnS-Scheibe auf den mikrofluidischen Chip gepresst und der Klebstoff über Nacht ausgehärtet.

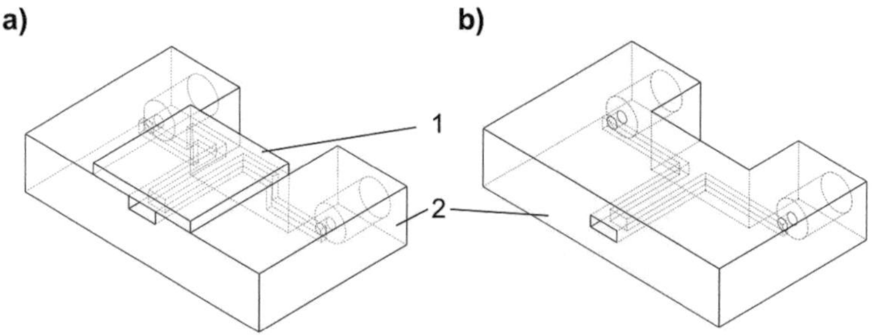

Abbildung 31: 3D-Ansichten der Einzelventilzelle mit innenliegendem mikrofluidischen Kanal (2) a) mit ZnS-Scheibe (1) und b) ohne.

Für alle durchgeführten Versuche wurde der jeweilige mikrofluidische Chip durch analoges Vorgehen mit DELO-KATIOBOND 4552 auf das Heizpixelarray aufgeklebt. Als fluidisches Medium kam in allen Versuchen Tetradekan zum Einsatz. Dieses wurde mittels einer Peristaltikpumpe (MC-MS/CA4/8, bezogen von Ismatec, Deutschland) bei einer Flussrate von 40 µl/min gefördert. Das Schlauchsystem für die Zuleitung des Mediums zum Ventilaufbau bestand aus PTFE-Schläuchen (1,6 mm Außendurchmesser, 0,8 mm Innendurchmesser). Die Schläuche wurden in die Einzelventilzellen eingeklebt, während die Kontaktierung an das 24-Ventilsystem mit Hilfe von 20-Kanal mikrofluidischen Multiportanschlüssen erfolgte [82]. Die Reaktionszeiten wurden ermittelt, indem die Zeiten, welche zum Starten bzw. Stoppen des Flusses benötigt wurden, mittels einer konventionellen Stoppuhr gemessen wurden. Die Temperaturwerte, die im Folgenden für die Widerstände angegeben sind, wurden mit Hilfe der Infrarotkamera an Luft ermittelt, da eine direkte Messung der Widerstandstemperaturen im System auf Grund der hohen IR-Absorption des fluidischen Chips und Mediums nicht möglich waren. Es kann aber davon ausgegangen werden, dass die Temperaturen im System auf Grund der thermischen Last etwas geringer sind, als die so ermittelten Werte.

5.1.2 Einzelventilzelle – Vergleich Experiment und Simulation

Um einen Vergleich zwischen der Simulation und dem Experiment durchzuführen, wurde die beschriebene Einzelventilzelle mit offenliegendem Kanal und aufgeklebter ZnS-Scheibe aufgebaut (siehe Abbildung 31a). Aufgrund der guten Durchlässigkeit von ZnS für Infrarotstrahlung war es auf diese Weise möglich, den fluidischen Kanal hinter der Scheibe inklusive des eingeschlossenen Widerstandes mit einer IR-Kamera zu beobachten. Ein analoger Aufbau wurde in einem 3D-CAD Programm erstellt und mit COSMOS/FloWorks unter denselben Versuchsparametern (Materialeigenschaften, Kühltemperatur des Peltierelementes, Temperatur der Umgebungsluft) simuliert.

Die Temperaturverteilung im stabilen Zustand, die ein Schnitt durch die Ebene zwischen der ZnS-Scheibe und dem mikrofluidischen Chip zeigt, stimmt qualitativ sehr gut mit den Aufnahmen der Infrarotkamera überein (siehe Abbildung 32). Somit kann davon ausgegangen werden, dass die Simulation geeignet ist, die Temperaturverteilung in verschiedenen mikrofluidischen Aufbauten abzuschätzen.

Im Rahmen dieser Arbeit wurde diese Form von Simulation vor allem eingesetzt, um die optimale Packungsdichte für das Heizpixelarray zu ermitteln. Wie beschrieben sollte die Packungsdichte so gewählt werden, dass eine möglichst hohe Anzahl von Heizwiderständen auf möglichst kleiner Fläche erreicht werden kann, wobei vermieden werden muss, dass

die einzelnen Widerstandszonen durch beheizte Nachbarwiderstände uner-
wünscht beeinflusst werden (thermischer Crosstalk).

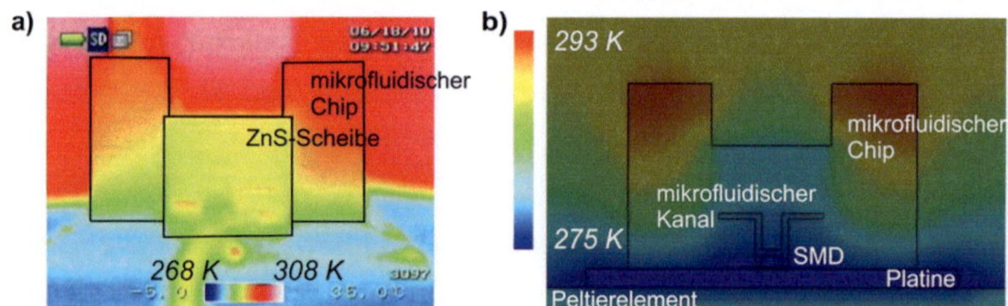

Abbildung 32: Vergleich der Simulationsergebnisse mit den Versuchen an einer Einzelventilzelle mit ZnS-Scheibe. In beiden Fällen wurde der Versuchsaufbau so lange gekühlt, bis eine gleichmäßige Wärmeverteilung vorlag. Der qualitative Temperaturverlauf ist in beiden Abbildungen gleich. a) Aufnahme des experimentellen Aufbaus mit der Infrarotkamera an Luft bei Raumtemperatur. Die Umrisse des mikrofluidischen Chips sowie der ZnS-Scheibe sind hervorgehoben. Hinter der ZnS-Scheibe ist ein Teil des mikrofluidischen Kanals zu erkennen, durch den Tetradekan strömt. b) Schnitt durch eine Simulation mit analogem Aufbau des Experiments von a). Der Schnitt wurde in der Ebene zwischen der ZnS-Scheibe und dem mikrofluidischen Chip vorgenommen (siehe Abbildung 31a).

5.1.3 Einzelventilzelle – Optimierung der Größe H

In ersten Einzelventilversuchen wurden verschiedene Aufbauten von Einzelventilzellen mit unterschiedlichem Abstand H zwischen den beiden Kanalebenen getestet (siehe Abbildung 29). Auf Grund der Tatsache, dass dem System vom Peltierelement konstant Wärme entzogen wird, sollte der Einfluss dieses Abstandes auf die Reaktionszeiten untersucht werden. Bei einem zu geringen Abstand H ist davon auszugehen, dass nicht nur die aktive Ventilzone gefriert, sondern auch die höher gelegenen Kanäle. Hierdurch würden sich die Zeiten zum Öffnen des Ventils drastisch erhöhen. In diesen Versuchen wurde die Größe H solange erhöht, bis sich die Reaktionszeit nicht mehr weiter verringerte. Ab diesem Abstand konnte davon ausgegangen werden, dass die obere Kanalebene nicht mehr durch die Kühlung des Peltierelements beeinflusst wurde.

In diesen Experimenten wurde das Ventil zunächst geschlossen, d. h. der Widerstand wurde von der Spannungsquelle getrennt, um den Kanal zu schließen. Die Zeitmessung startete bei vollständiger Schließung des Kanals, also bei Versiegen des Tetradekanflusses. Dieser Zustand wurde für eine definierte Zeitspanne (genannt „Zeit, die Ventil vor dem Schalten geschlossen war") gehalten. Danach wurde an den Widerstand die maximal mögliche Spannung angelegt, was einer Temperatur von 24,5 °C entsprach, um das Ventil zu öffnen. Die Zeitmessung wurde gestoppt, sobald das Tetradekan wieder durch den Kanal floss. Die Reaktionszeiten zum Öffnen des Ventils in Abhängigkeit von der Zeit, die es zuvor geschlossen war, sowie dem Abstand H zwischen den beiden Kanalebenen, sind in Abbildung 33 dargestellt.

Diese Ergebnisse zeigen, dass die Reaktionszeiten mit steigendem Wert für H, bis zu einem Abstand von 12 mm, sinken. Eine weitere Erhöhung des Abstandes führt zu keiner weiteren Reduzierung der Reaktionszeiten. Um die folgenden Aufbauten so kompakt wie möglich zu gestalten, wurde H = 12 mm als geeigneter Abstand zwischen den beiden Kanalebenen ausgewählt. Alle folgenden Experimente wurden mit dieser Geometrie durchgeführt. Außerdem ist erkennbar, dass die Reaktionszeit zum Öffnen des Ventils mit längeren „Zeiten, die das Ventil vor dem Schalten geschlossen war" ansteigt. Dieser Umstand ist nicht erwünscht, da die Reaktionszeiten zum Öffnen des Ventils nicht von der Zeit, die es vorher geschlossen war, abhängen sollten.

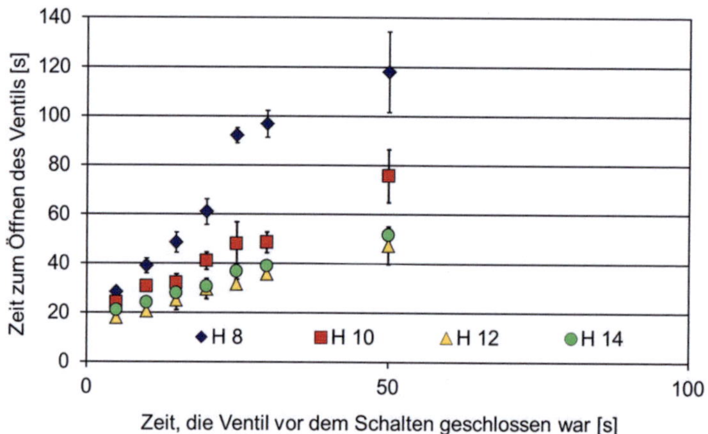

Abbildung 33: **Reaktionszeiten für das Öffnen des Ventils in Abhängigkeit von der Zeit, die es vorher geschlossen war. Diese Abhängigkeit ist für verschiedene Abstände H (in mm, siehe Abbildung 29) zwischen den beiden Kanalebenen unterschiedlich. Auf Grund der permanenten Kühlung durch das Peltierelement ist es möglich, dass neben der aktiven Ventilzone auch die oberen Kanäle des Ventils bei längerem Verbleib im geschlossenen Zustand gefrieren. Das würde zu einem deutlichen Anstieg der Reaktionszeiten beim Öffnen des Ventils führen. Eine Erhöhung des Abstands H verringert dieses Risiko. In diesen Versuchen kam Tetradekan als fluidisches Medium zum Einsatz, die Temperatur des Peltierelementes betrug 0 °C und die Widerstände wurden mit maximaler Leistung (24,5 °C) beheizt. Die Reaktionszeiten zum Öffnen des Ventils sinken mit steigendem Abstand H zwischen den Ebenen des Kanals. Ab einem Wert von 12 mm für H ist keine weitere Verringerung der Reaktionszeiten mehr zu beobachten. Dieser Abstand ist daher ausreichend, um zu gewährleisten, dass lediglich die aktive Ventilzone gefriert, nicht aber die oberen Kanäle des Ventils. Die dargestellten Werte sind Mittelwerte und Standardabweichungen aus jeweils 3 unabhängigen Versuchen.**

Ein ähnliches Verhalten wurde auch für das Schließen des Ventils erwartet: Wenn das Ventil über einen längeren Zeitraum offen gehalten wurde, so sollte die aktive Ventilzone durch das lange Heizen stärker erwärmt werden, als wenn das Ventil nur kurz geöffnet war. Auch hier ist dieser Zustand ungewollt: Das Ventil sollte in seiner Schaltdynamik nicht davon abhängen, wie lange der vorherige Ventilzustand angelegt war. Eine Möglichkeit, dieses „Überheizen" zu verhindern, besteht in der Absenkung der Temperatur nach erfolgter Ventilöffnung. Dabei wird zunächst für einen kurzen Zeitraum eine hohe Temperatur angelegt, um das Ventil zu öffnen, dann wird die Temperatur auf einen niedrigeren Wert abgesenkt, um das Ventil geöffnet zu halten. Mit einem solchen Temperaturprofil sollte es möglich sein, einen zu hohen Wärmeeintrag in die aktive Ventilzone zu verhindern.

Für diese Experimente wurde ein geschlossenes Ventil mit 24,5 °C am Widerstand beheizt, bis es sich öffnete. Zu diesem Zeitpunkt startete die Zeitmessung. Nach 5 s wurde die Temperatur am Widerstand auf unterschiedliche Temperaturwerte zum Halten dieses Zustandes abgesenkt und für eine bestimmt Zeit gehalten. Diese gesamte Zeit seit dem Öffnen des Ventils wird als „Zeit, die Ventil vor dem Schalten offen war" bezeichnet. Danach wurde der Widerstand deaktiviert, um das Schließen des Ventils durch die Kühlung des Peltierelementes auszulösen. Das Ventil wurde als geschlossen betrachtet, sobald der Fluss stoppte. Die Zeit, die für das Schließen benötigt wurde, ist in Abbildung 34 in Abhängigkeit von der Zeit, die das Ventil geöffnet war sowie den entsprechenden Temperaturen zum Halten des Zustandes dargestellt.

Die Messergebnisse zeigen, dass die Zeiten zum Schließen des Ventils mit sinkender Temperatur des SMD-Widerstandes während der geöffneten Phase sinken. Während die Reaktionszeiten zum Schließen des Ventils bei wachsender Zeit, die es vor dem Schalten offen war, zunächst wieder leicht ansteigen, ist die Reaktionszeit bei einer Temperatur von 15,8 °C nahezu unabhängig von der Zeit, die das Ventil vorher geöffnet war. Eine weitere Reduzierung der Temperatur hingegen resultiert in weiter sinkenden Reaktionszeiten zum Schließen des Ventils bei steigender Zeit, die es zuvor geöffnet war. Dies lässt darauf schließen, dass die Temperatur nicht hoch genug ist, um den geöffneten Status über einen längeren Zeitraum zu halten. Die besten Ergebnisse wurden mit einer SMD-Temperatur von 15,8 °C erzielt, bei der die Zeit zum Verschließen des Ventils bei 40 s lag. Des Weiteren konnte gezeigt werden, dass durch eine gezielte Temperatureinstellung des SMD-Widerstandes die Reaktionszeit zum Verschließen des Ventils von der Zeit, die es zuvor geöffnet war, unabhängig wurde.

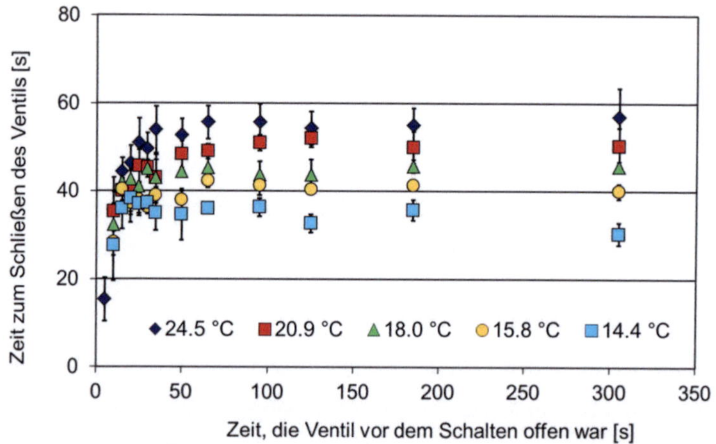

Abbildung 34: **Reaktionszeiten für das Schließen des Ventils in Abhängigkeit von der Zeit, die es vorher geöffnet war. Zu Beginn des Experiments war das Ventil geschlossen. Dann wurde für alle Versuche die Temperatur am Widerstand auf 24,5 °C eingestellt, bis das Ventil geöffnet war (das fluidische Medium begann zu fließen). 5 s nach dem Öffnen des Ventils wurde die Temperatur auf die entsprechende Haltetemperatur abgesenkt. Die verschiedenen Haltetemperaturen wurden unterschiedlich lange beibehalten und die jeweiligen Zeiten, die nach Deaktivieren des Widerstands zum Verschließen des Ventils benötigt wurden, ermittelt. Als fluidisches Medium kam Tetradekan zum Einsatz, die Fließgeschwindigkeit betrug 40 µl/min. Die Temperatur des Peltierelementes wurde auf 0 °C eingestellt und der Abstand zwischen den beiden Kanalebenen im mikrofluidischen Chip lag bei H = 12 mm. Die dargestellten Werte sind Mittelwerte und Standardabweichungen aus jeweils 3 unabhängigen Versuchen.**

5.1.4 24-Ventilsystem

Wie bereits beschrieben, wurden die Versuche an Einzelzellen vor allem mit dem Ziel der Geometrieoptimierung des Systems durchgeführt. Um das Ventil für realistische Anwendungen zu testen, wurde ein Aufbau mit 24 Ventilen, angeordnet in 8 mikrofluidischen Kanälen mit je 3 Ventilen in Reihe, realisiert (siehe Abbildung 30, #1). Die 3 Ventile eines Kanals wurden als eine von der Software definierte Gruppe angesteuert, sodass alle 3 Widerstände immer mit derselben Leistung betrieben wurden. Die Verknüpfung erfolgte aber lediglich über die Software, physikalisch sind die Widerstände nicht miteinander verknüpft und könnten individuell angesteuert werden. Die experimentellen Details der Versuche stimmen mit denen der Einzelventilversuche überein. Für den Abstand zwischen den beiden Ventilebenen wurde wiederum H = 12 mm gewählt.

Die Ergebnisse der Reaktionszeiten der Einzelventilzellen zeigen, dass die Reaktionszeit von der Dauer des vorherigen Zustandes abhängen, also wie lange das Ventil vorher geschlossen bzw. geöffnet war. Dies ist darauf zurückzuführen, dass im geschlossenen Zustand dem System permanent Wärme entzogen wird und es so immer weiter abkühlt, während es sich im geöffneten Zustand bei ständiger Heizung mit voller Leistung immer weiter erwärmt. Dies führt dazu, dass die thermische „Ausgangssituation" im Bauteil, je nach Dauer des vorherigen Zustandes immer eine andere ist, und somit auch die Reaktionszeiten nicht unabhängig von dieser Zeitspanne sind. Die Versuche zur Untersuchung der Reaktionszeiten zum Schließen des Einzelventils haben allerdings auch gezeigt, dass diese durch eine Reduzierung der Widerstandstemperatur nach dem Öffnen des Ventils unabhängig von der Zeit wurde, die das Ventil zuvor geöffnet war. Dies zeigt, dass es durch eine gezielte Anpassung der Widerstandstemperatur möglich ist, eine stabile Temperaturverteilung im Bauteil zu erreichen und dadurch unabhängige Reaktionszeiten von der Dauer des vorherigen Schaltzustandes zu erzielen.

Der Effekt von solchen Temperaturprofilen auf die Reaktionszeiten sollte in diesem Versuchsaufbau sowohl für die Reaktionszeit zum Schließen als auch zum Öffnen genauer untersucht werden. Anstatt kontinuierlich maximale Heizleistung während der offenen Phase des Ventils und minimale Heizleistung (durch vollständiges Ausschalten des Widerstandes) während der geschlossenen Phase des Ventils anzulegen, scheint es sinnvoller, diese Temperaturextreme nur für kurze Zeit anzuwenden. Dieses kurze Anlegen der Extremwerte soll lediglich die jeweilige Änderung des Ventilzustandes auslösen. Wenn das Ventil seinen Schaltzustand geändert hat, wird die Temperatur am Widerstand so eingestellt, dass der jeweilige Zustand stabil gehalten wird, während der Wärmeein- und -austrag in die aktive Ventilzone auf ein Minimum beschränkt wird. Somit kommen zwei Temperaturniveaus zum Einsatz (vergleich Abbildung 35):

- die Trigger-Temperatur, die entweder der minimalen Heizleistung (T_{min}) während des Schließens des Ventils oder der maximalen Heizleistung (T_{max}) beim Öffnen des Ventils entspricht, sowie

- die Haltetemperatur, die einer Heizleistung unterhalb der maximalen Heizleistung (T_1) beim Öffnen des Ventils bzw. einer Heizleistung oberhalb der minimalen Heizleistung (T_2) während des Schließens des Ventils entspricht.

Um das Ventil zu öffnen wird also zunächst eine hohe Temperatur (maximale Leistung, Tmax) für eine kurze Zeit angelegt bis das Ventil geöffnet ist, worauf die Temperatur verringert wird (T1), um den geöffneten Zustand zu halten ohne die aktive Ventilzone weiter zu erhitzen („Zeit vor dem Schalten (offen)"). Um das Ventil zu schließen wird die Temperatur auf ein Minimum abgesenkt (keine Spannung am jeweiligen Widerstand, Tmin) bis das Ventil geschlossen ist, daraufhin wird die Temperatur wieder etwas erhöht (T2), sodass zwar das Ventil geschlossen bleibt, der konstante Wärmeentzug durch das Peltierelement aber kompensiert wird und die

Ventilzone nicht weiter als notwendig heruntergekühlt wird („Zeit vor dem Schalten (geschlossen)") vor dem Schalten.

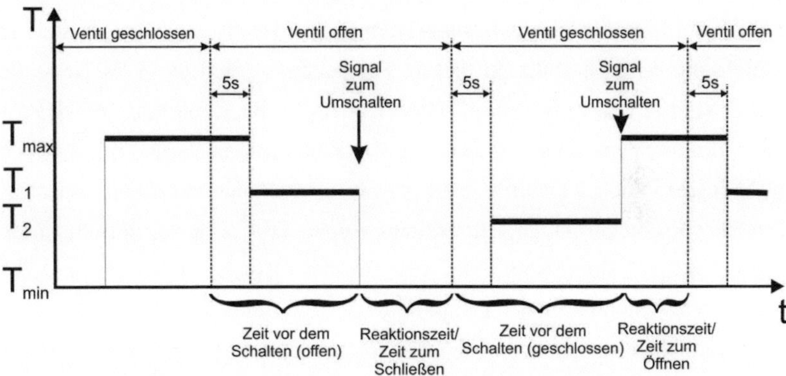

Abbildung 35: Diagramm der Temperaturverteilung eines Widerstandes für ein einzelnes Durchflussventil. T_{max} und T_{min} sind die Trigger-Temperaturen um das Öffnen und Schließen des Ventils auszulösen. T_1 und T_2 sind die jeweiligen Haltetemperaturen, die in den verschiedenen Experimenten mit dem Ziel variiert wurden, Temperaturprofile zu etablieren, welche die Reaktionszeiten des Ventils unabhängig von der Zeit des vorherigen Ventilstatus machten. Das Signal zum Umschalten ist der Moment, in dem der Benutzer die Trigger-Temperatur (Leistung) für den Widerstand setzt. Solche Temperaturprofile können für jeden der 588 Widerstände individuell eingestellt werden. Die 5 s Zeitverzögerung zwischen dem Schließen bzw. Öffnen des Ventils und dem Setzen der Haltetemperatur rühren daher, dass das Experiment manuell beobachtet wurde und das Ändern der Temperatur vom Benutzer per Hand durch Auswählen der jeweiligen Temperatur auf der Benutzeroberfläche des Programms erfolgte. Um Unsicherheiten in der Zeitspanne auszugleichen, wurde diese feste Zeitspanne von 5 s eingeführt, welche ausreichend ist um die Zeitmessung zu starten und die Temperaturänderung an der Software vorzunehmen.

Ziel der weiteren Versuche war es, Temperaturprofile zu etablieren, bei denen die Reaktionszeit zum Öffnen bzw. Schließen des Ventils unabhängig von der Zeit ist, die sich das Ventil im vorherigen Zustand befand. Das bedeutet also, die Zeit zum Öffnen des Ventils ist unabhängig von der Zeit, die es zuvor geschlossen (gefroren) war und die Zeit zum Schließen des

Ventils ist unabhängig von der Zeit, die es zuvor offen (beheizt) war. Eine genaue Flusskontrolle mit dieser Art von Phasenübergangsventilen ist nicht möglich, wenn diese Voraussetzung nicht erfüllt wird.

Die Ergebnisse für die Reaktionszeiten zum Öffnen eines Kanals sind in Abbildung 36 dargestellt. In diesen Versuchen wurden die 3 Widerstände der 3 Ventile eines mikrofluidischen Kanals (siehe Abbildung 30) deaktiviert, um die Ventile zu verschließen. Die Zeitmessung startete mit Stoppen des Flusses. Nach 5 s wurde der Kanal mit verschiedenen Haltetemperaturen für verschieden lange Zeitspannen vorgeheizt („Zeit vor dem Schalten (geschlossen)", siehe Abbildung 35). Um das Öffnen des Kanals auszulösen, wurde die maximale Temperatur der Widerstände (19,2 °C, 100 % Heizleistung) eingestellt und die Zeitspanne zwischen dem Setzten dieser Temperatur und dem Beginn des Flusses („Reaktionszeit/Zeit zum Öffnen") ermittelt. Das Diagramm zeigt, dass sich die Zeiten zum Öffnen des Kanals mit steigender Temperatur beim Vorheizen verringern. Für Haltetemperaturen von 6,1 °C (30 % Heizleistung) oder 7,9 °C (40 % Heizleistung) erreichen die Reaktionszeiten ein Plateau bei 150 s, was bedeutet, dass die Zeit zum Öffnen der Ventile unabhängig ist von der Zeit, die sie vorher geschlossen waren.

Die in Abbildung 36 verwendeten Widerstandstemperaturen unterscheiden sich von den Widerstandstemperaturen, die für die Einzelventilzelle gemessen wurden. Dies kommt daher, dass für die Einzelventilversuche zunächst eine Platine mit einem einzelnen SMD-Widerstand zum Einsatz kam. Dieser wurde mit einer anderen Versorgungsspannung betrieben, sodass bei maximal möglicher Spannung (15 V) eine höhere Temperatur erzielt wurde. Des Weiteren erfolgte die Regelung der Temperatur im Einzelzellaufbau nicht über das periodische Ansteuern des Widerstandes, wie es für das Heizpixelarray der Fall ist (siehe Abschnitt 4.2) sondern über eine manuelle Regelung der Spannung an der Versorgungsquelle.

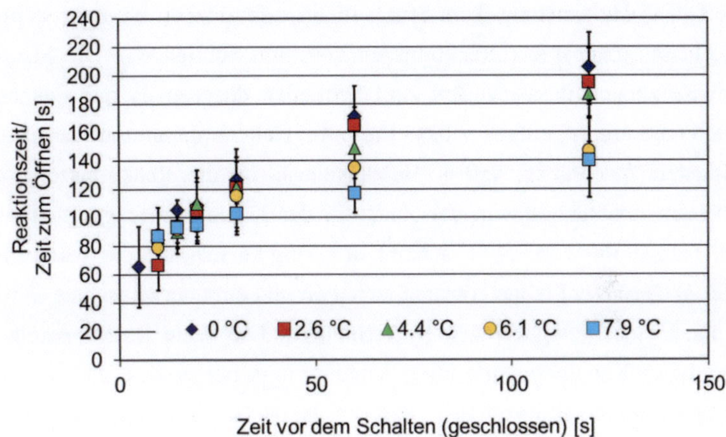

Abbildung 36: Reaktionszeiten für das Öffnen eines Kanals mit 3 Ventilen (in Reihe angeordnet) in Abhängigkeit von der Zeit, die die Ventile vorher geschlossen waren sowie den ausgewählten Haltetemperaturen (0 °C, 2,6 °C, 4,4 °C, 6,1 °C und 7,9 °C entsprechend einer Heizleistung von 0 %, 10 %, 20 %, 30 % und 40 %). In allen Experimenten waren die Widerstände zunächst deaktiviert (0 °C, 0 % Heizleistung) um die Ventile zu verschließen, danach wurden geringe Heizleistungen zum Vorheizen angelegt, während der Kanal aber weiterhin verschlossen blieb (Haltezustand). Durch Erhöhen der Temperatur der Widerstände auf 19,2 °C (100 % Heizleistung) wurde das Öffnen der Ventile eingeleitet und die Zeit bis zum Beginn des Flusses („Reaktionszeit/Zeit zum Öffnen", siehe Abbildung 35) gemessen. Der Abstand zwischen den beiden Kanalebenen betrug H = 12 mm, das fluidische Medium war Tetradekan und die Temperatur des Peltierelementes betrug 0 °C. Die dargestellten Werte sind Mittelwerte und Standardabweichungen aus jeweils 3 unabhängigen Versuchen.

Die Ergebnisse für die Reaktionszeiten zum Schließen des Kanals sind in Abbildung 37 dargestellt. Bei diesen Versuchen wurde der Kanal zunächst bei maximaler Leistung (19,2 °C, 100 % Heizleistung) geöffnet. Mit Beginn des Flusses startete auch die Zeitmessung. Nach 5 s wurde die Temperatur auf die entsprechenden Haltetemperaturen abgesenkt und für verschiedene Zeitspannen gehalten („Zeit vor dem Schalten (offen)"). Um das Schließen des Kanals zu veranlassen, wurden alle 3 Widerstände deaktiviert (0 % Heizleistung, kein Strom fließt) und die Zeit bis zum Stoppen des Flusses gemessen („Reaktionszeit/Zeit zum Schließen"). Die Messergebnisse zeigen, dass die Zeit zum Schließen des Kanals mit sinkender Haltetemperatur ebenfalls sinkt. Für alle Haltetemperaturen, außer der geringsten mit 9,4 °C (50 % Heizleistung), ist die Reaktionszeit zum Schließen unabhängig von der Zeit, die der Kanal vorher geöffnet war. Eine Temperatur von 9,4 °C scheint zu gering zu sein, um die Temperatur in der aktiven Ventilzone konstant zu halten und ein unerwünschtes Gefrieren nach einer gewissen Zeit zu verhindern. Die beste Reaktionszeit im Falle dieser Kanalgeometrie mit 3 Ventilen liegt bei ca. 40 s und wird mit einer Haltetemperatur von 10,7 °C (60 % Heizleistung) erreicht. Diese Zeit entspricht auch den besten Zeiten zum Schließen eines Ventils, die mit dem Einzelventilversuch ermittelt wurden. Daraus kann geschlossen werden, dass dieses Ventilkonzept gut skalierbar ist, da die Reaktionszeiten der Ventilplattform unabhängig von der Anzahl der betriebenen Ventile sind.

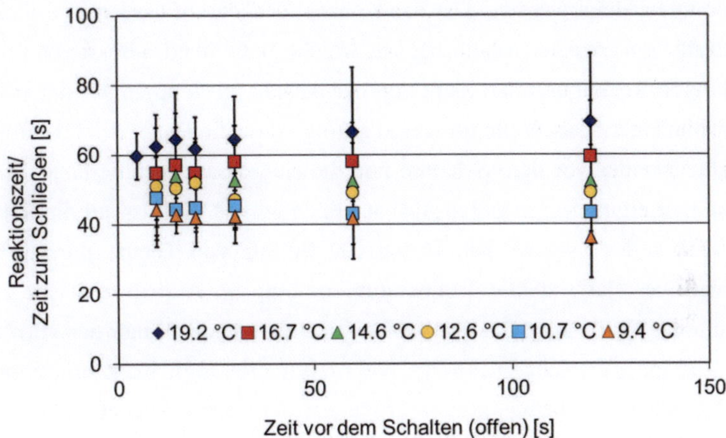

Abbildung 37: Reaktionszeiten für das Schließen eines Kanals mit 3 Ventilen in Reihe in Abhängigkeit von der Zeit, die die Ventile vorher offen waren sowie den ausgewählten Haltetemperaturen (19,2 °C, 16,7 °C, 14,6 °C, 12,6 °C, 10,7 °C und 9,4 °C entsprechend einer Heizleistung von 100 %, 90 %, 80 %, 70 %, 60 % und 50 %). In allen Versuchen betrug die Temperatur der Widerstände zunächst 19,2 °C (100 % Heizleistung) zum Öffnen des Kanals. Darauf wurde das Temperaturniveau auf den jeweiligen Haltezustand abgesenkt, um bei geringerer Heizleistung den Kanal offen zu halten. Danach wurden die Widerstände deaktiviert (0 % Heizleistung, kein Stromfluss) um das Verschließen der Ventile (Gefrieren) einzuleiten und die Zeit bis zum Stoppen des Flusses („Reaktionszeit/Zeit zum Schließen", siehe Abbildung 35) wurde ermittelt. Der Abstand zwischen den beiden Kanalebenen betrug H = 12 mm, das fluidische Medium war Tetradekan, die Fließgeschwindigkeit betrug 40 µl/min und die Temperatur des Peltierelementes betrug 0 °C. Die dargestellten Werte sind Mittelwerte und Standardabweichungen aus 3 unabhängigen Versuchen.

5.1.5 Zusammenfassung der Ergebnisse des Durchflussventils

Durch die erfolgreiche Realisierung des Durchflussventils, als einfachstes Phasenübergangsventils, auf der elektronischen Plattform, wurde deren Eignung zur Ansteuerung von Phasenübergangsventilen bestätigt.

Es konnte gezeigt werden, dass das Konzept des Durchflussventils auf eine Vielzahl von Ventilen skalierbar ist, welche individuell adressierbar sind und deren Reaktionszeiten nicht von der Anzahl an Ventilen auf der Plattform abhängen. Des Weiteren wurde gezeigt, dass die Dauer des jeweiligen Ventilzustandes vor dem Schalten und die sich daraus resultierende Temperaturverteilung im gesamten Aufbau, einen großen Einfluss auf die Reaktionszeiten des Systems hat. Durch den Einsatz von Temperaturprofilen wurde eine relativ stabile Temperaturverteilung im Aufbau realisiert und somit eine Unabhängigkeit der Reaktionszeiten von der Dauer des vorherigen Zustandes erreicht. Dies zeigt, wie wichtig die Möglichkeit zum gezielten Einstellen von Temperaturen für Phasenübergangsventile ist.

5.2   Aktor auf Grundlage einer Volumenausdehnung

Für den Aufbau eines Ventils auf der Grundlage einer Volumenausdehnung nach dem in Abschnitt 4.3.2 erläuterten Prinzip waren zunächst einige Voruntersuchungen notwendig. So wurden in ersten Versuchen die Volumenausdehnung, der Schmelzpunkt sowie die Schmelzzeiten verschiedener Medien ermittelt und an Hand dieser Daten ein geeignetes Aktormaterial ausgewählt. Auch zur Optimierung der Geometrie der Epoxidbauteile, sowohl für die Kammern des Phasenübergangsmediums (siehe Abbildung 38, #5) als auch die Kammern für das Mittlermedium (siehe Abbildung 38, #3), wurden diverse Voruntersuchungen durchgeführt, um eine maximale Volumenausdehnung und Übertragung zu erzielen. An Hand dieser Voruntersuchungen wurde dann ein mikrofluidisches System mit 28 einzeln steuerbaren Ventilen auf der Grundlage dieser Aktoren aufgebaut und getestet, um die Reaktionszeiten der Ventile zu bestimmen.

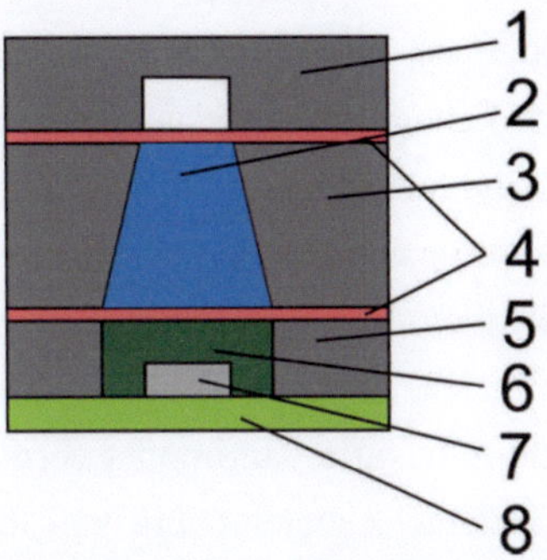

Abbildung 38: Schematischer Aufbau des Aktors auf Grundlage einer Volumenausdehnung. 1 - mikrofluidisches Bauteil mit Kanalstrukturen, 2 - Mittlermedium (Fluid), 3 - Epoxidbauteil mit Kammern für das Mittlermedium, 4 - PDMS-Membrane, 5 - Epoxidbauteil mit Kammern für das PC-Material, 6 - PC-Material, 7 - SMD-Widerstand, 8 - Platine.

5.2.1 Systemaufbau

Die Epoxidbauteile für den Aufbau des Aktors auf Grundlage einer Volumenausdehnung wurden mittels Stereolithographie aus Accura® 60 gefertigt. Der Aufbau der Aktoren sowie der Fluidik erfolgte nach folgendem Schema. Zunächst wurde das Bauteil mit den Aussparungen für das PC-Material (Abbildung 38, #5) mit dem Heizpixelarray (Abbildung 38, #8) verklebt. Hierfür wurde die Platine nach Reinigung mit Ethanol zunächst dünn mit UHU® plus endfest 300 bestrichen. Da die Heizpixelplatine fertigungsbedingt Löcher besitzt, die als Kontaktstellen durch die verschiedenen Schichten der mehrlagigen Platine dienen, war darauf zu achten, dass all diese Öffnungen beim Verleben der Platine durch den Klebstoff vollständig geschlossen wurden. Dieser Schritt war nötig, um ein Austreten des PC-Materials im flüssigen Zustand zu verhindern. Auf die Platine wurde dann das mit Ethanol gereinigte Bauteil für die Wachskammern gesetzt und angedrückt. Dieser Aufbau wurde unter Last 24 Stunden ausgehärtet. Im nächsten Schritt wurde das Epoxidbauteil mit den Kammern für das Mittlermedium (siehe Abbildung 38, #3) sowie das mikrofluidische Bauteil (siehe Abbildung 38, #1) chemisch vorbehandelt um die „Pseudo-PDMS"-Schicht zu erzeugen (siehe hierzu Abschnitt 4.4). Dieser Schritt ist notwendig, um dieses Bauteil später mit den PDMS-Membranen (siehe Abbildung 38, #4) verbinden zu können. Eine detaillierte Beschreibung des Prozesses ist in Abschnitt 4.4 zu finden. Zusammengefasst wurde hierfür GOPTS mit 3 Vol.-% Triarylsulfonium hexafluorantimonat vermischt. Diese Mischung wurde mittels eines Labortuchs gleichmäßig und dünn auf die gereinigte Epoxidoberfläche aufgetragen und für 5 min unter der UV-Lampe ausgehärtet. Anschließend wurden die Bauteile nochmals mit Ethanol gereinigt, um eventuelle Reste der Lösung zu entfernen. Die für den Aufbau benötigten Membranen wurden aus PDMS mittels Spincoating hergestellt (siehe hierzu Abschnitt 3.2.2). Hierzu wurde ein Spincoater der Firma Laurell (WS-400-6NPP-LITE, Laurell Technologies Corporation, USA) verwendet. Es wurden 7 ml Elastosil® M 4600 mit einem Masseverhältnis 10:1 von A- und B-Komponente gemischt und auf ein $10 \times 10 \text{ cm}^2$ großes Substrat aufgetragen und dann für 60 s mit 700 rpm und im Anschluss für 5 s mit 1000 rpm gedreht. Da es sich bei dem verwendeten PDMS um ein relativ zähflüssiges Material handelt, enthielt der Film kleine Luftblasen, die vor dem Aushärten entfernt werden mussten. Dazu wurde Luft mit einem geringen Druck auf das Substrat geblasen. Die entstandenen Leerstellen wurden vom umgebenden Material durch Nachfließen aufgefüllt. Im Anschluss daran härten die Membranen für mehrere Stunden bei Raumtemperatur oder für 1 h im Ofen bei 70 °C aus. Zum Befüllen der Kammern für das PC-Material mit dem PC-Material (siehe Abbildung 38, #5 und 6) wurden die jeweiligen Widerstände (siehe Abbildung 38, #7) mit 100 % der Leistung beheizt. In die Kammern wurde mit einer Spritze flüssiges PC-Material eingefüllt. Danach wurden die Widerstände abgeschaltet und das PC-Material erstarrte. Eventuell entstandene Unebenheiten bzw. Lücken in den Kammern wurden mit flüssigem PC-Material nachgefüllt.

Nach dem vollständigen Erkalten des PC-Materials wurden überstehende Reste dieses Materials mit einem Skalpell entfernt und die Oberfläche mit Ethanol gereinigt. Danach wurden die mit PC-Material befüllten Kammern (siehe Abbildung 38, #5) sowie die Plattform mit den fluidischen Kanälen (siehe Abbildung 38, #1) und die Unterseite des Flüssigkeitsbehälters (siehe Abbildung 38, #3) mit einer Membran (siehe Abbildung 38, #4) verschlossen. Hierzu wurden alle Bauteile ebenso wie die Membranen zunächst mit Ethanol gereinigt. Im Anschluss daran wurden die Bauteile und die Membranen mit Hilfe einer Coronaentladung aktiviert, die Bauteile anschließend auf die Membranen gepresst und für mindestens 2 Stunden ruhen gelassen, damit sich eine stabile Verbindung ausbilden konnte. In einem nächsten Schritt wurden die Kammern für das Mittlermedium (siehe Abbildung 38, #3) durch ihre obere Öffnung mit FC-40 (siehe Abbildung 38, #2) befüllt. Dieses wurde mit Hilfe einer Spritze vorsichtig in die Kammern gegeben, bis die Flüssigkeit mit dem Rand des Epoxidbauteils abschloss. Im Anschluss wurde die Oberfläche mit Ethanol gereinigt und wie bereits beschrieben mit einer Membran verschlossen. Danach wurden die Membranen auf dem Bauteil mit dem PC-Material (siehe Abbildung 38, #5) und auf der Unterseite des Bauteils mit den Kammern für das Mittlermedium (siehe Abbildung 38, #3) gereinigt und ebenfalls mit Coronaentladungen aktiviert. Im Anschluss an die Aktivierung wurden die beiden Bauteile mit den PDMS-Membranen aufeinandergepresst, sodass sich eine Verbindung ausbilden konnte (siehe Abschnitt 3.3.2). Im Anschluss daran wurde dieselbe Prozedur für die Oberseite des Bauteils mit den Kammern für das Mittlermedium (siehe Abbildung 38, #3) und die Unterseite der Plattform mit den fluidischen Kanälen (siehe Abbildung 38, #1) durchgeführt, um diese mit dem Aktor-aufbau zu verbinden. Nach dem vollständigen Aufbau der Ventilplattform und des Fluidikchips wurden die fluidischen Kanäle mit je einem 20-Kanal mikrofluidischen Multiportanschluss für die Ein- und Auslassseite versehen, sodass eine Flüssigkeit mittels einer Peristaltikpumpe durch die Kanäle befördert werden konnte (siehe Abbildung 39).

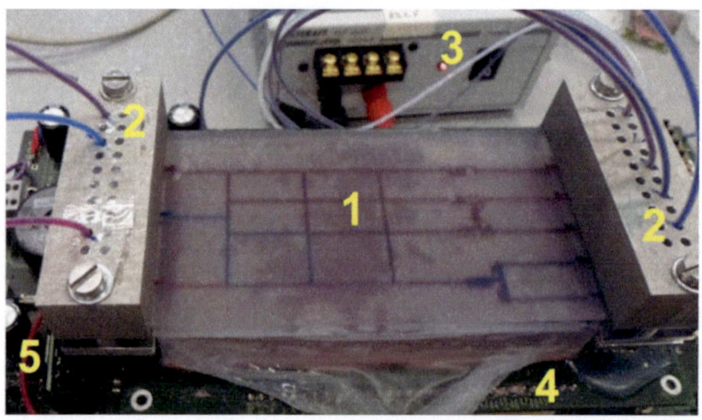

Abbildung 39: Aufnahme des experimentellen Aufbaus eines mikrofluidischen Systems mit Aktoren auf Grundlage einer Volumenausdehnung. 1 - mikrofluidisches Bauteil, 2 - Multiportanschlüsse für den Ein- und Auslass des fluidischen Mediums (gefärbtes Wasser) in das mikrofluidische Bauteil, 3 - Netzgerät zur Spannungsversorgung der elektronischen Plattform, 4 - Heizpixelarray, 5 – elektronische Plattform. Die Bauteile zum Aufbau des Aktors auf Grundlage einer Volumenausdehnung befinden sich unterhalb des mikrofluidischen Bauteils.

Für die unterschiedlichen Vorversuche wurde der Versuch nur bis zur jeweils relevanten Schicht nach analogem Vorgehen aufgebaut.

5.2.2 Vorversuche zur Ermittlung eines geeigneten PC-Materials

Die wichtigsten Parameter für die Auswahl des geeigneten Phasenübergangmediums sind die Volumenausdehnung, der Schmelzpunkt sowie die benötigte Zeit zum Schmelzen. Diese Parameter wurden im Rahmen studentischer Arbeiten zum Teil experimentell ermittelt. Für die Bestimmung der Volumenausdehnung wurde eine bestimmte Menge des Materials in ein Becherglas gegeben und aufgeschmolzen. Dieser Füllstand wurde markiert. Nach dem Erkalten des Materials wurde die entstandene Differenz bis zur

Füllmarkierung mit Wasser aufgefüllt. Durch die Menge an aufgefülltem Wasser konnte das Volumen des Materials im festen Zustand ermittelt werden und somit auch dessen Volumenausdehnung beim Schmelzen. Die Werte für die Volumenausdehnung sowie die Schmelztemperaturen der untersuchten Materialien sind in Tabelle 3 angegeben. Für die weiteren Versuche wurden SE-Wachs 517, PEG 1000 und Sasol Wachs 5603 ausgewählt, da diese Stoffe die höchste Volumenausdehnung aufwiesen. Für diese drei Materialien wurden weiteren Vorversuche zur Ermittlung der Schmelzzeiten durchgeführt. Hierzu wurden je 2 ml der flüssigen Probe in ein Becherglas gegeben. Dieses wurde in einem Wasserbad von 100 °C erhitzt und die Schmelzzeit ermittelt. Die Zeit zum Erstarren wurde bei Raumtemperatur ermittelt. Die Schmelz- und Erstarrzeiten sind in Tabelle 4 angegeben.

Material	Schmelzpunkt (°C)	Volumenausdehnung (%)
PEG 400	4-8 [83]	5 ± 0,33
PEG 600	20-25 [84]	7 ± 0,5
PEG 1000	37-40 [85]	13 ± 0,66
chloriertes Paraffin	25	6 ± 0,33
weiches Paraffin (SE-Wachs 517)	46-48 [86]	12 ± 0,66
Wollfett	38	9 ± 0,5
Lanolin	40	10 ± 0,66
Polyester-Wachs	41	7 ± 0,33
Paraffin (Sasol Wachs 5603)	56-58 [87]	15 ± 0,8

Tabelle 3: Übersicht der Schmelzpunkte und der Volumenausdehnung der untersuchten Materialien. Die Versuche zur Ermittlung der Volumenausdehnung wurden je 3-mal durchgeführt und der Mittelwert sowie die Standardabweichung angegeben. Die Werte für den Schmelzpunkt wurden teilweise der Literatur entnommen und für die übrigen Materialien selbst ermittelt.

	Schmelzzeit (min)	Erstarrzeit (min)
Paraffin (Sasol Wachs 5603)	09:15 ± 01:11	06:00 ± 00:11
PEG 1000	02:17 ± 00:28	19:07 ± 02:09
weiches Paraffin (SE-Wachs 517)	03:25 ± 01:17	07:14 ± 00:19

Tabelle 4: Schmelz- und Erstarrzeiten der potentiellen Phasenübergangsmedien. Es wurden je 3 Versuche durchgeführt und der Mittelwert sowie die Standardabweichungen gebildet.

Die starken Unterschiede in den Schmelz- sowie Erstarrzeiten stammen von den unterschiedlich großen Temperaturdifferenzen zwischen der Schmelztemperatur des jeweiligen Stoffes und der Temperatur des Wasserbades bzw. der Umgebung. Da auch im späteren Aufbau eine höhere Heizleistung und somit Temperatur zum Erhitzen nicht möglich ist, können die Schmelzzeiten von Sasol Wachs 5603 nicht verbessert werden. Im späteren Aufbau auf der elektronischen Plattform ist jedoch mit Hilfe des Peltierelementes eine aktive Kühlung des Systems möglich. Durch eine Kühlung der Probe mittels eines Peltierelement bei 15 °C während der Ermittlung der Erstarrzeiten konnten für PEG 1000 und SE-Wachs 517 Zeiten von unter 5 min beim Erstarren erzielt werden. Somit besitzen diese beiden Stoffe annähernd gleich lange Zeiten zum Schmelzen und Erstarren. Allerdings greift PEG 1000 das PDMS der Membranen des Systems chemisch an. Unter Beibehaltung des erprobten Membranmaterials kam daher für den Aufbau des Aktorsystems SE-Wachs 517 (weiches Paraffin) als Phasenübergangsmedium zum Einsatz.

5.2.3 *Vorversuche zur Optimierung der Geometrie der Kammer für das PC-Material*

Um die optimale Grundfläche der Kammern für das PC-Material zu bestimmen, wurde je eine Teststruktur mit kreisförmiger, rechteckiger sowie quadratischer Grundfläche aufgebaut. Die Gesamtfläche war dabei bei allen Varianten gleich. In diese Teststruktur wurde SE-Wachs 517 eingebracht und die Zeit zum Schmelzen bzw. Erstarren bei den gleichen Temperaturbedingungen ermittelt (siehe Tabelle 5). Es zeigte sich, dass eine quadratische Grundfläche die schlechtesten Schmelzzeiten lieferte. Des Weiteren konnte beobachtet werden, dass das PC-Material zunächst entlang der Reihen der Widerstände schmilzt und anschließend entlang der Spalten. Dies kann auf den größeren Abstand der Widerstände zwischen den einzelnen Reihen im Vergleich zum Abstand innerhalb einer Reihe zurückgeführt werden. Da bei einer kreisförmigen Grundfläche Widerstände teilweise nicht vollständig in der Kammer mit dem PC-Material liegen und zwischen den jeweiligen Kammern ein Abstand notwendig ist, um thermische Beeinflussung durch den Nachbarn zu verhindern, wurde eine rechteckige Grundfläche der Kammern für das PC-Material für die weiteren Versuche ausgewählt.

Form der Kammer des PC-Materials	Schmelzzeit (min)	Erstarrzeit (min)
Kreis	02:21 ± 00:07	02:29 ± 00:08
Rechteck	02:27 ± 00:11	02:37 ± 00:09
Quadrat	02:44 ± 00:09	02:29 ± 00:08

Tabelle 5: Ergebnisse der Schmelzversuche zur Ermittlung der Grundgeometrie der Kammer für das PC-Material. Es wurden je 3 Versuche durchgeführt und der Mittelwert sowie die Standardabweichungen gebildet.

Rechnerisch wurde ermittelt, dass für das Verschließen eines Kanales mit einem Querschnitt von $1\,mm \times 0,5\,mm$ eine Menge von $4,3\,mm^3$ SE-Wachs 517 benötigt wird, um die erforderliche Volumenzunahme während des Schmelzens zu erhalten. Dies würde einem rechteckigen Reservoir, das 3 Widerstände einschließt und eine Höhe von $0,26\,mm$ hat entsprechen. Da die Berechnungen unter der Annahme getroffen wurden, dass die Übertragung durch das Mittlermedium verlustfrei und auch die Applizierung des SE-Wachs 517 in die Kammer für das PC-Material ohne Lufteinschlüsse erfolgt, schien ein Sicherheitsaufschlag auf die theoretischen Werte sinnvoll. Somit kommen für die weiteren Untersuchungen und Aufbauten Kammern für das PC-Material zum Einsatz, die eine rechteckige Grundfläche besitzen und 3 Widerstände einschließen sowie eine Höhe von $0,5\,mm$ aufweisen.

5.2.4 Vorversuche zur Optimierung der Geometrie der Kammer für das Mittlermedium

Für die Kammer des Mittlermediums sollte untersucht werden, welchen Einfluss die Kammerhöhe und daraus resultierend der Anstieg der Seitenflächen sowie die Grundfläche des oberen Querschnitts des Pyramidenstumpfes (siehe Abschnitt 4.3.2 und Abbildung 38 #3) auf eine optimale Übertragung des durch das PC-Material erzeugten Hubs haben. Für die Untersuchungen zum Einfluss dieser Faktoren wurde eine Plattform mit unterschiedlichen Kammerhöhen sowie verschiedenen Formen und Flächen der oberen Öffnungen bei einer gleichbleibenden Grundfläche des Pyramidenstumpfes (siehe Abbildung 38 #3) aufgebaut. Die Grundfläche umschloss in allen Fällen 3 Widerstände bei rechteckigem Grundriss. Als Höhen wurden $5\,mm$ und $15\,mm$ getestet. Die Varianten der oberen Öffnungen waren ein kreisförmiger Grundriss mit $1\,mm$ bzw. $1,2\,mm$ Durchmesser sowie ein quadratischer Grundriss mit $1\,mm$ bzw. $1,2\,mm$ Kantenlänge. Um die Eignung der unterschiedlichen Geometrievarianten zur Übertragung des Hubes durch das PC-Material zu überprüfen, wurde der erzeugte Hub oberhalb der Kammer für das Mittlermedium mit Hilfe eines Messschiebers ermittelt. Die Werte sind in Tabelle 6 angegeben. In allen Fällen war ein tastbarer Hub der Membran vorhanden. Dieser steigt mit der Höhe der Kammer für das Mittlermedium. Dies könnte auf eine bessere Kraftübertragung durch die steileren Seitenflanken der Pyramide erklärt werden. Außerdem steigt die Höhe des Hubes mit einer Verringerung der Grundfläche der oberen Öffnung der Kammer. Die größten Hübe wurden für einen Kreis mit dem Durchmesser von 1,2 mm sowie ein Quadrat mit einer Kantenlänge von 1 mm erzielt. Da die Kanäle im mikrofluidischen Chip, die durch den Aktor verschlossen werden sollen, aus fertigungstechnischen Gründen einen rechteckigen Querschnitt haben und 1 mm breit sind, werden die oberen Öffnungen der Behälter des Mittlermediums für den Gesamtaufbau im mikrofluidischen System mit einer quadratischen Grundfläche und einer Seitenlänge von 1 mm ausgelegt.

Als Mittlermedium kommt FC-40 zum Einsatz, da es sich hier um eine inkompressible Flüssigkeit handelt, die mit den verwendeten Materialien keine unerwünschten Reaktionen eingeht (siehe Abschnitt 3.1.3).

Um die Reaktionszeiten beim Schmelzen im vollständigen System zu verkürzen, werden nicht nur die jeweils direkt vom Aktor in Anspruch genommenen Widerstände beheizt, sondern zusätzlich noch die direkt benachbarten Widerstände der Kammer des PC-Materials.

Obere Grundfläche der Kammer \\ Höhe der Kammer	5 mm	15 mm
Kreis (Ø = 1 mm)	sicht- und tastbar, Hub < 0,5 mm	kein messbarer Hub, da Fehler im Aufbau (Lufteinschluss in der Kammer des Mittlermediums)
Kreis (Ø = 1,2 mm)	tastbarer Hub	sicht- und tastbar Hub ca. 1 mm
Quadrat (a = 1 mm)	sicht- und tastbar, Hub ca. 0,5 mm	sicht- und tastbar, Hub ca. 1 mm
Quadrat (a = 1,2 mm)	sicht- und tastbarer Hub	sicht- und tastbar, Hub ca. 0,6 mm

Tabelle 6: Ermittelte Hübe der Aktoren auf Grundlage einer Volumenausdehnung in Abhängigkeit von der Höhe der Kammern des Mittlermediums sowie deren oberer Grundfläche. Die Höhe der Hübe wurde mit Hilfe eines Messschiebers ermittelt.

5.2.5 Anwendung im mikrofluidischen System

Um den Aktor auf Grundlage einer Volumenausdehnung in seiner Funktion als Ventil zu testen, wurde ein System mit 28 Ventilen entwickelt. Die Kanalführung im mikrofluidischen Chip sowie die Positionen der Ventile sind in Abbildung 40a gezeigt.

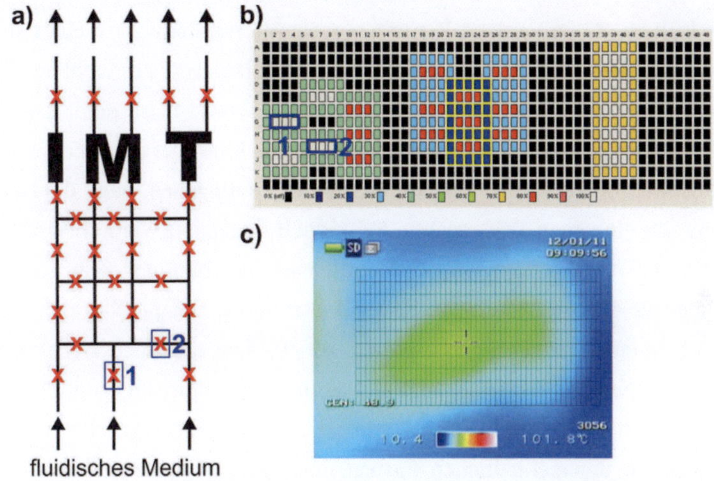

Abbildung 40: Details zum Aufbau des mikrofluidischen Systems mit Ventilen auf Basis einer Volumenausdehnung. a) Kanalführung des mikrofluidischen Chips. Die Ventilregionen sind durch ein rotes x markiert. Die blauen Kästen 1 und 2 markieren die beiden Ventile, für die exemplarisch die Reaktionszeiten ermittelt wurden. b) Ansteuerung von 21 Ventilen mit angepasster Heizleistung mit Hilfe der Kontrollsoftware des Heizpixelarrays. Die Positionen der beiden in a) hervorgehobenen Ventile sind ebenfalls wieder blau markiert. c) Aufnahme mit der IR-Kamera oberhalb des Heizpixelarray mit der Beschaltung von b) nach 5 min an Luft. Wie man erkennen kann, liegt die Temperatur selbst nach dieser Zeit unterhalb der Glasübergangstemperatur des Epoxidbauteils, welche 58 °C beträgt, sodass es zu keiner Verformung des Bauteils kommen kann. Das über das Bild gelegte Gitter verdeutlicht schematisch die Lage der Widerstände des Heizpixelarrays.

Der generelle Aufbau der einzelnen Schichten des Systems ist in Abschnitt 4.3.2 sowie Abschnitt 5.2.1 beschrieben. Die Geometrieparameter für die Kammern des Phasenübergangsmediums und die Kammern des Mittlermediums sowie die Auswahl der Aktormaterialien (Phasenübergangs- und Mittlermedium) erfolgte in den bereits beschriebenen Voruntersuchungen (siehe Abschnitt 5.2.2, 5.2.3 und 5.2.4). Wenn alle Ventile geschlossen werden sollen, die Widerstände also beheizt sind, und man für jeden betroffenen Widerstand die maximale Leistung von 100 % (für 3 Widerstände gegen Luft ca. 41 °C) anlegt, kommt es im mittleren Bereich zu einer starken Überhitzung, d. h. die Temperatur des Heizpixelarrays erreicht an Luft nahezu 100 °C. Bei solch hohen Temperaturen würde es zu einer Verformung der epoxidischen Bauteile kommen, da die Glasübergangstemperatur von Accura® 60 bei 58 °C liegt [88]. Um dies zu umgehen, muss die Heizleistung der einzelnen Widerstände individuell angepasst werden. Ein Beispiel für die Ansteuerung von 21 Ventilen ist in Abbildung 40b gezeigt. Hier liegt die maximale Temperatur im Zentrum des Heizpixelarrays selbst nach 5 Minuten Heizbetrieb nur bei ca. 49 °C. Die einzelnen Heizmuster wurden für die unterschiedlichen Ventilstellungen empirisch ermittelt. Die Funktionstüchtigkeit der Ventile wurde experimentell gezeigt. Hierzu wurde Wasser in unterschiedlichen Farben mit einem Volumenstrom von je 40 µl/min pro Einlass in das System gepumpt. Die Aufnahme eines verschlossenen Ventils ist in Abbildung 41 zu sehen.

Die Reaktionszeiten wurden für zwei Ventile (siehe Abbildung 40a) des mikrofluidischen Aufbaus exemplarisch ermittelt. Zur Ermittlung der Reaktionszeit zum Schließen des Ventils wurde die Zeitspanne ermittelt, die nach Aktivierung der Widerstände nach dem Heizmuster zum Stoppen eines Flüssigkeitsstroms benötigt wurde. Als Reaktionszeit zum Öffnen galt analog die Zeitdauer zwischen dem Deaktivieren der Widerstände (Heizleistung für alle Widerstände bei 0 %) und dem Beginn der Fortbewegung der farbigen Flüssigkeitsfront. Die ermittelten Reaktionszeiten sind in Tabelle 7 angegeben. Die Reaktionszeiten zum Schließen der Ventile, also dem Schmelzen des SE-Wachs 517, liegen für die beiden untersuchten Ventile in der gleichen Größenordnung. Beim Öffnen des Ventils, also dem Erstarren des SE-Wachs 517, gibt es jedoch deutliche Unterschiede. Eine mögliche Ursache für das schnellere Erstarren des SE-Wachses 517 bei Ventil 2 könnte an seiner Position im Chip liegen.

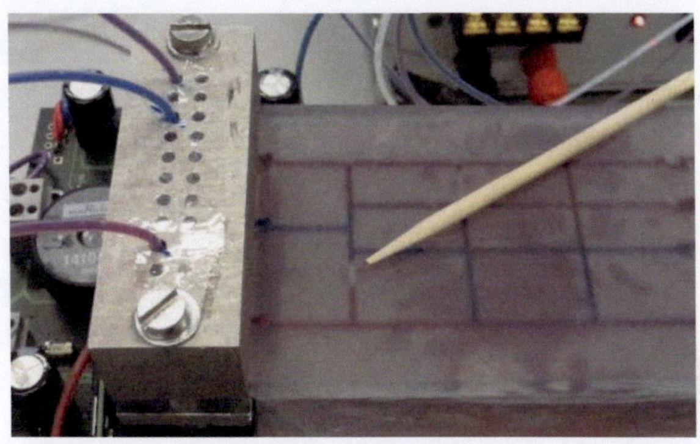

Abbildung 41: Aufnahme des mikrofluidischen Systems mit Ventilen auf der Grundlage einer Volumenausdehnung. Durch den Zahnstocher ist der Bereich eines Ventils im Querkanal gekennzeichnet, das gerade geschlossen ist. Dadurch kann sich im vorderen Bereich des Systems die blaue Farbe nicht mit der roten vermischen, was auch deutlich zu erkennen ist. Die mikrofluidischen Kanäle haben eine Breite von 1 mm.

	Schließzeit (min)	Öffnungszeit (min)
Ventil 1	02:59 ± 00:41	01:02 ± 00:12
Ventil 2	02:31 ± 00:26	00:18 ± 00:01

Tabelle 7: Reaktionszeiten des Ventils auf Basis einer Volumenausdehnung. Es wurden je 3 Versuche für jedes der getesteten Ventile (siehe Abbildung 40a) durchgeführt und der Mittelwert sowie die Standardabweichungen gebildet.

Durch die unterschiedliche Lage im Chip (Ventil 1 - Randlage bzw. Ventil 2 - umgeben von weiteren Ventilen) kommt es zur Ausbildung von unterschiedlichen Temperaturverteilungen im Ventil und seiner Umgebung. Da bei beiden Versuchen die Widerstände unter denselben Bedingungen beheizt wurden, ist es denkbar, dass die Wärme von Ventil 2 schneller abgeführt werden konnte und somit ein schnelleres Erstarren des PC-Materials und Öffnen des Kanals ermöglichte. Eine weitere Ursache könnte in der Fertigung der Ventile liegen. Es ist denkbar, dass sich im Ventil 2 Lufteinschlüsse innerhalb des SE-Wachs 517 befunden haben, und somit die Gesamtmenge an PC-Material im Vergleich zum Ventil 1 geringer ausgefallen ist, was ein schnelleres Erstarren ermöglichte. Da die Menge von appliziertem PC-Material mit einem Sicherheitsfaktors von 2 gewählt wurde, wäre selbst in einem solchen Fall das Ventil in der Lage den Kanal vollständig zu blockieren.

5.2.6 Zusammenfassung der Ergebnisse des Aktors auf Grundlage einer Volumenausdehnung

Mit Hilfe von Untersuchungen zur Schmelztemperatur und Volumenausdehnung verschiedener PC-Materialien wurde zunächst SE-Wachs 517 als geeignetes Phasenübergangsmaterial für diesen Aktortyp ausgewählt. Durch Ermittlung von Reaktionszeiten zum Schmelzen und Erstarren des SE-Wachses 517 bei verschiedenen Kammergeometrien für das PC-Material wurde das geeignete Design für diese Aufbauebene ermittelt. Mit Hilfe von Untersuchungen zur Hubübertragung in Abhängigkeit von der Geometrie des Epoxidbauteils für das Mittlermedium wurden die Designparameter für dieses Bauteil festgelegt. Der komplette Aktor wurde anschließend in einem Array aus 28 Aktoren in einem mikrofluidischen System als Ventil getestet. Hier konnte ein vollständiges Verschließen der mikrofluidischen Kanäle durch den Aktor nachgewiesen werden. Mit diesem Aktortyp wurde also ein weiterer thermisch aktivierter Phasenübergangsaktor auf der elektronischen Plattform erfolgreich aufgebaut.

5.3 Shift-Gate-Aktor

Um das Funktionsprinzip des Shift-Gate-Aktors zu verifizieren, wurden zunächst Voruntersuchungen durchgeführt, bei denen verschiedene Designs des Aktors getestet wurden. Dabei galt es zu untersuchen, welchen Einfluss die Geometrie des Aktors auf den korrekten Aktorbetrieb hat.

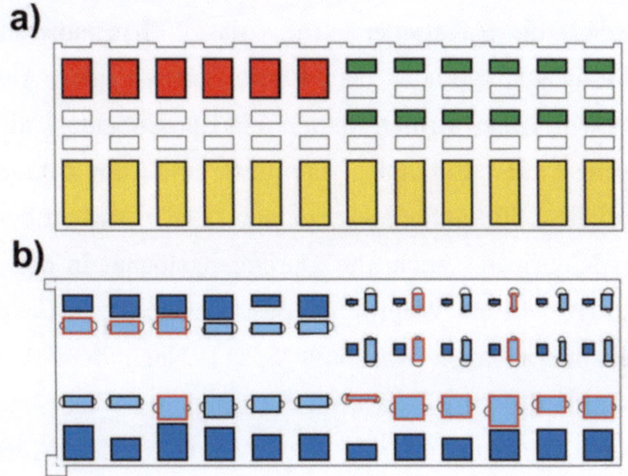

Abbildung 42: Prinzipskizzen der Testplattform für den Shift-Gate-Aktor. Es wurden sowohl die Grundfläche der Kammer für das PC-Material variiert als auch die Grundflächen und Volumina der Shift- und Gateshiftkammer. a) Struktur des Epoxidbauteils mit den Kammern für das PC-Material (siehe Abbildung 43, #5). rot - zwei Widerstände sind eingeschlossen, grün - ein Widerstand ist eingeschlossen, gelb - drei Widerstände sind eingeschlossen. b) Grundflächen der Gate- und Sourceshiftkammern des Epoxidbauteils mit den mikrofluidischen Strukturen (siehe Abbildung 24b rosa umrandete Bereiche). Dunkelblau - Gateshiftkammern, Höhe jeweils 0,5 mm, Hellblau - Sourceshiftkammern, schwarzer Rand - Höhe jeweils 0,1 mm, roter Rand - Höhe jeweils 0,2 mm.

Hierzu wurde eine Testplattform mit verschiedenen Größen der Kammer für das Phasenübergangsmaterial sowie unterschiedlichen Flächen- und Volumenverhältnissen von der Gateshiftkammer zur Sourceshiftkammer aufgebaut (Prinzipskizze des Aktors siehe Abbildung 24, Skizzen der Testplattform mit den unterschiedlichen Kammerstrukturen siehe Abbildung 42).

5.3.1 Systemaufbau

Auch für diesen Aktor wurden alle Epoxidbauteile stereolithographisch gefertigt. Der Aufbau des Aktors erfolgte nach folgendem Schema. Zunächst wurde die Kammer für das Phasenübergangsmaterial (siehe Abbildung 43, #5) auf das Heizpixelarray (siehe Abbildung 43, #6+4) aufgebracht. Dazu wurden Platine und Epoxidbauteil mit den einzelnen Kammern mit Ethanol gereinigt und im Anschluss mit UHU® plus endfest 300 aufeinander geklebt. Dabei war zu beachten, dass mit Hilfe des Klebstoffes auch alle Durchgangslöcher in der Platine verschlossen wurden, um ein Wegfließen des flüssigen PC-Materials zu verhindern (siehe hierzu auch Abschnitt 5.2.1). Nach dem Aushärten des Klebstoffes wurde das PC-Material in die beheizten Widerstandskammern eingefüllt (siehe Abbildung 43, #3). Nach Abschalten der Widerstände und Erkalten PC-Materials wurden auftretende Unebenheiten mit weiterem PC-Material aufgefüllt. Überstehendes PC-Material wurde im Anschluss mittels eines Skalpells entfernt und die gesamte Oberfläche der Kammerplatte (siehe Abbildung 43, #5) mit Ethanol gereinigt. Anschließend wurde diese Oberfläche mit einer dünnen Schicht Silikonkleber (TSE 399C) verschlossen. Parallel zu diesen Aufbauschritten wurden die beiden Seiten des Bauteils mit den fluidischen Strukturen (Gateshift- und Sourceshiftkammer, siehe Abbildung 43, #2) silanisiert und mit Hilfe von PDMS-Membranen (siehe Abbildung 43, #1) verschlossen (siehe hierzu auch Abschnitt 4.4 und Abschnitt 5.2.1). Das mit Membranen verschlossene fluidische Bauteil wurde dann mittels des Silikonklebers auf die Kammerstruktur aufgeklebt. Ein Bonden in dieser untersten Ebene war auf Grund der geringen Größe der Testplattform nicht möglich. Da diese nicht die gesamte Fläche des Heizpixelarrays umschloss, hätte die Oberfläche der Kammerstruktur nicht mit der Coronaentladungsquelle durch Anlegen einer Hochspannung aktiviert werden können ohne dabei die Widerstände und die übrigen elektronischen Bauteile auf der Platine zu beschädigen.

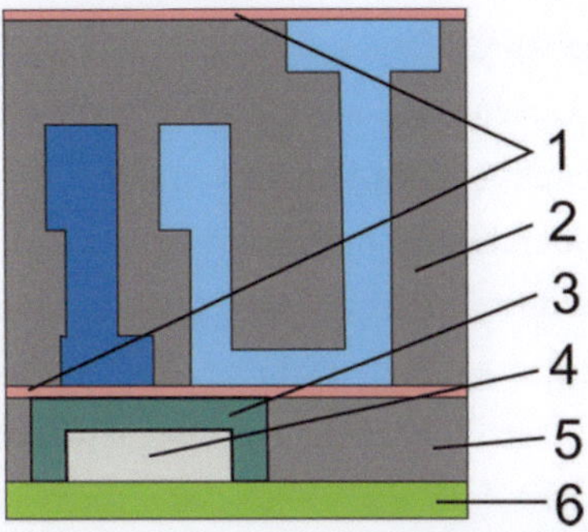

Abbildung 43: Schematischer Aufbau des Shift-Gate-Aktors. 1 - PDMS-Membranen, 2 - Epoxidbauteil mit fluidischen Strukturen (dunkelblau - Gatekanal, hellblau - Sourcekanal, 3 - PC-Material, 4 - SMD-Widerstand, 5 - Epoxidbauteil mit Kammern für PC-Material, 6 - Platine.

5.3.2 Versuche zur Überprüfung des Funktionsprinzips des Shift-Gate-Aktors mit einem Alkan als PC-Material

Als Phasenübergangsmedium wurde zunächst das langkettige Alkan Eicosan (Merck Schuchardt OHG, Hohenbrunn, Deutschland) mit einem Schmelzpunkt zwischen 34 °C und 37 °C [89] gewählt. Die Wahl fiel auf dieses Material, da für einen Aktor mit kurzen Reaktionszeiten im Idealfall ein PC-Material mit möglichst geringer Schmelztemperatur zum Einsatz kommen sollte. PEG 1000 konnte hierbei, wie bereits in Abschnitt 5.2.2 diskutiert, auf Grund seiner Unverträglichkeit mit PDMS nicht verwendet werden.

Zur Überprüfung der Funktionalität dieser Aktoren wurden die fluidischen Kanäle (siehe Abbildung 43, #2) zunächst mit FC-40 befüllt. Danach wurde mit Hilfe einer Spritze ein Druck am Sourcekanal angelegt, um die Membran der Aktorkammer auszubeulen und einen deutlichen Hub von ca. 0,5 mm bis 1 mm zu erzeugen. Durch Aktivieren der Heizwiderstände der jeweiligen Kammer mit einer Leistung von 100 % (ca. 65 °C gegenüber Luft) wurde das in der Kammer vorliegende Eicosan aufgeschmolzen. Mit einer zweiten Spritze wurde Druck auf den Gatekanal aufgebracht, um das flüssige Eicosan zu verschieben und dadurch den Sourcekanal zu blockieren. Sobald die Ausbeulung der Membran an der Aktorkammer ohne weiteren Druck auf den Sourcekanal bestehen blieb, wurde der jeweilige Aktor als prinzipiell funktionsfähig betrachtet (siehe Abbildung 42). Im Anschluss daran wurden, unter Beibehaltung des Drucks auf den Gatekanal, die Widerstände abgeschaltet, damit das Eicosan erstarren konnte. Wenn die Verformung der Membran auch nach dem Erstarren erhalten blieb, also ohne angelegten Druck an der Spritze, konnte der Aktor als bistabil betrachtet werden.

Bei den Versuchen auf der Testplattform mit 30 unterschiedlichen Geometriekombinationen (siehe Abbildung 42) wurde festgestellt, dass eine Grundfläche der Phasenübergangskammer, welche nur einen Widerstand umschließt, für die Funktionsfähigkeit des Aktors zu gering ist. Unabhängig vom Flächen- bzw. Volumenverhältnis der Gateshiftkammer zur Sourceshiftkammer konnte hier in keinem Fall ein vollständiges Versperren des Sourcekanals erreicht werden. Eine Ursache dafür könnte in einer zu geringen Menge an Eicosan in der Kammer liegen, wodurch nicht genügend Material zur Verfügung steht, um den Sourcekanal zu blockieren. Die Ergebnisse der verschiedenen Geometrievariationen von Gateshift- und Sourceshiftkammer, bei denen die Phasenübergangskammer zwei bzw. drei Widerstände umfasst, sind in Abbildung 44 dargestellt. Die Versuche zur Funktionsfähigkeit der unterschiedlichen Designs haben gezeigt, dass ein Volumenverhältnis von ca. 3:1 für die Gateshiftkammer zur Sourceshiftkammer vorliegen muss, damit ein erfolgreiches Verschließen des Sourcekanals möglich ist. Über das benötigte Flächenverhältnis kann keine direkte Aussage getroffen werden, da selbst bei einem Verhältnis von 1:1 für die Flächen bei einem Volumenverhältnis von 5:1 ein Versperren möglich war. Daher ist davon auszugehen, dass das Verhältnis der Volumina der beiden

Kammern den entscheidenden Einfluss darauf hat, ob ein Verschließen des Sourcekanals möglich ist.

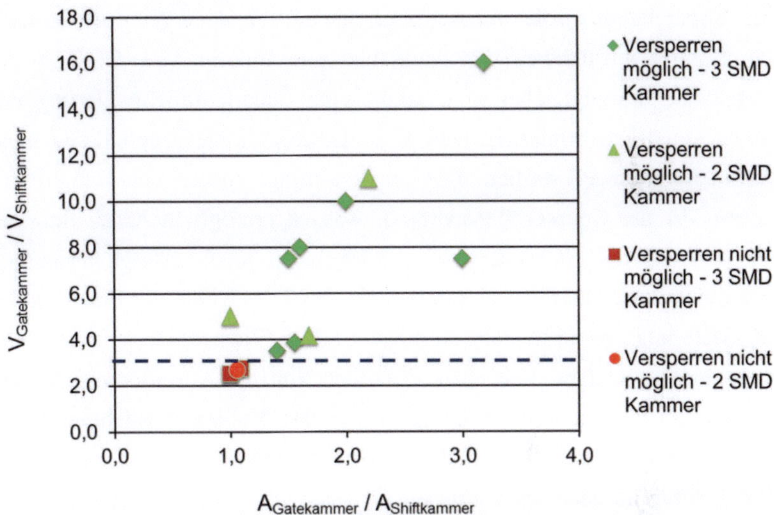

Abbildung 44: Übersicht über die Funktionsfähigkeit der getesteten Designs für Kammern mit zwei bzw. drei SMD-Widerständen in Abhängigkeit des Flächen- sowie Volumenverhältnisses von der Gateshiftkammer zur Sourceshiftkammer. Die Funktionsfähigkeit beschreibt die Möglichkeit des Versperrens des Source- kanals mittels Anlegen eines Druckes an den Gatekanal bei flüssigem Eicosan in der Phasenübergangskammer (siehe Abschnitt 4.3.3 für die Beschreibung des Funktionsprinzips). Es ist deutlich erkennbar, dass das Volumenverhältnis einen bestimmten Wert (ca. 3, blau gestrichelte Linie) betragen muss, damit Funktions- fähigkeit gewährleistet wird.

Allerdings konnte für keine der erfolgreich getesteten Geometrien die Bi- stabilität des Aktors erreicht werden. Mit Abschalten der Widerstände und dem damit eingeleiteten Abkühlen des Eicosans ging, trotz weiter angeleg- ten Drucks auf den Gatekanal, die Ausbeulung der Membran zurück. Eine mögliche Ursache könnte in der Volumenausdehnung des Eicosans wäh- rend des Schmelzvorganges liegen. In einem separaten Versuch (siehe hierzu auch Abschnitt 5.2.2) wurde eine Volumenausdehnung von 11,5 Vol.-% während dem Verflüssigen ermittelt. Es wurden Versuche durchgeführt, bei denen zunächst der Widerstand unterhalb des Sourcekanals abgeschaltet wurde, mit dem Ziel, den entstehenden Volumenschwund durch ein Nachschieben von noch flüssigem Eicosan von der Seite des Gatekanals auszugleichen und somit eine dauerhafte Blockierung des Sourcekanals zu erreichen. Dies war allerdings nicht möglich. Es muss davon ausgegangen werden, dass der Erstarrungsprozess nicht wie erhofft, zuerst auf der Sourceseite stattfand, was es ermöglicht hätte, flüssiges Eicosan von der Gateseite nachzuschieben. Vielmehr erfolgt vermutlich lediglich eine Reduktion der Temperatur im Aktor, wobei das Erstarren des PC-Materials erst nach dem Abschalten aller Widerstände stattfand. Die volle Funktionstüchtigkeit eines bistabilen Shift-Gate-Aktors konnte also mit diesem PC-Material auf Grund der großen Volumenausdehnung bzw. des Schrumpfens beim Phasenübergang nicht gezeigt werden.

Daher sollte im nächsten Schritt ein Material mit einer möglichst geringen Volumenausdehnung als PC-Material getestet werden. Hierzu kamen z. B. eutektische Metalllegierungen mit einem Schmelzpunkt unter 70 °C in Frage, da die maximale Widerstandstemperatur bei ca. 70 °C liegt. Um diese Temperaturgrenze zu ermitteln, wurde an einzelne Widerstände 100 % der Heizleistung angelegt und das Heizpixelarray mit der Infrarotkamera beobachtet.

5.3.3 Versuche zum Aufbau eines bistabilen Shift-Gate-Aktors mit einem Metall als PC-Material

In weiteren Versuchen wurde als PC-Material für den Aufbau des Shift-Gate-Aktors eine eutektische Metalllegierung, das so genannte Field'sche Metall, ausgewählt. Dieses Material wurde bereits von Shaikh et al. für den Aufbau eines bistabilen thermischen Ventils verwendet [42]. Der Schmelzpunkt dieser Legierung liegt bei 62 °C. Daher war es für den

Aufbau mit diesem Stoff als Phasenübergangsmedium notwendig, die Epoxidbauteile aus einem anderen Kunststoff zu fertigen, da die Glasübergangstemperatur von Accura® 60 bei 58 °C liegt [88]. Es wurde das Epoxid SOMOS® ProtoTherm 12120 gewählt, welches auch für die stereolithographische Herstellung von fluidischen Bauteilen verwendet wird und durch einen zusätzlichen Temperschritt eine Glasübergangstemperatur von 111 °C erhält [90]. Aus diesem Material wurde eine Plattform mit den in Abschnitt 5.3 und Abschnitt 5.3.2 beschriebenen und erfolgreich getesteten Designparametern aufgebaut. Bei diesem Design schloss die Kammer für das PC-Material 3 Widerstände ein (siehe Abbildung 42 und Abbildung 44).

Mit dieser Anordnung konnte ein bistabiler Aktor erreicht werden (siehe Abbildung 45). Bei den anderen getesteten Designs, war ein vollständiges Versperren des Sourcekanals durch den Gatekanal nicht möglich. Dies kann zum einen daran liegen, dass die Kammern für das PC-Material nicht vollständig mit Field'schem Metall gefüllt waren. Außerdem besitzt das Field'sche Metall im flüssigen Zustand eine deutlich größere Viskosität und Oberflächenspannung als das zuvor verwendete Eicosan, sodass es sich im flüssigen Zustand nicht so gut verschieben und somit auch schlechter in den Sourcekanal hineindrücken lässt.

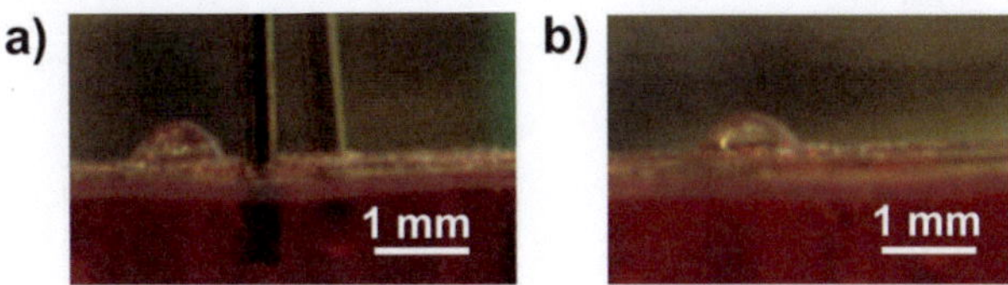

Abbildung 45: Aufnahmen eines bistabilen Aktorhubs des Shift-Gate-Aktors unter Verwendung einer eutektischen Metalllegierung. a) Aktorhub nach dem Setzten und Stabilisieren des Zustandes. b) Um die Bistabilität des Aktorhubs zu demonstrieren, wurden die beiden Anschlüsse des Systems entfernt. Wie man erkennen kann, ist die Membran immer noch ausgebeult.

Für den voll funktionsfähigen bistabilen Aktor wurden die Reaktionszeiten für einen vollständigen Zyklus zum Setzten eines Zustandes ermittelt. Es wurde also die Zeit gemessen, die benötigt wird, um das Metall in der Kammer vollständig zu schmelzen, zu verschieben und anschließend wieder erstarren zu lassen. Als Mittelwert von 6 Messungen ergab sich eine Reaktionszeit von 02:42 ± 00:16 Minuten pro Zyklus. Um die Langzeitstabilität solch eines bistabilen Aktorhubs zu untersuchen, wurde der Aktorhub gesetzt und anschließend ohne weiteren Druck auf den Shift- oder Gatekanal auszuüben mit einer Kamera (USB-Kamera EO-3112C 1/2" CMOS Farbe + Objektiv mit 16 mm Festbrennweite, bezogen von Edmund Optics, Karlsruhe, Deutschland) beobachtet (siehe Abbildung 46). Hierbei wurde deutlich, dass der Aktorhub auch über mehrere Stunden und Tage stabil bleibt. Der Schwund des Hubes, der an Hand der Bilder zu sehen ist, ist darauf zurückzuführen, dass der Sourcekanal nicht komplett luftfrei war und sich die Luft oben in der ausgedehnten Blase gesammelt hat. Da PDMS luftdurchlässig ist, konnte die Luft über den Beobachtungszeitraum von 3 Tagen aus der Blase entweichen. Der verbleibende Hub stimmt mit der beobachteten Grenzfläche zwischen FC-40 und Luft zu Beginn der Messungen überein. Es ist also darauf zu achten, Luft vor Inbetriebnahme des Aktors aus dem Sourcekanal zu entfernen, um einen größeren Aktorhub über längere Zeit zu stabilisieren.

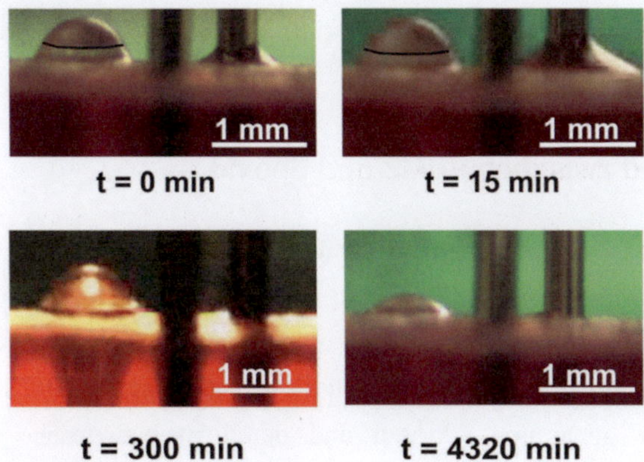

Abbildung 46: Aufnahmen des Aktorhubs in Abhängigkeit von der Zeit nach dem Erreichen des bistabilen Zustands. Wie man erkennen kann, ist selbst nach einer Zeitspanne von 3 Tagen (4320 min) noch ein Aktorhub erkennbar. Dieser ist allerdings kleiner als der Ausgangshub, was sich dadurch erklären lässt, dass der Aktorhub eingeschlossene Luft enthält (gut erkennbar an der Phasengrenze in den ersten beiden Bildern, markiert mit der schwarzen Linie). Diese Luft diffundiert über die Zeit durch die Membran hindurch, wodurch der Aktorhub sich verringert.

5.3.4 Zusammenfassung der Ergebnisse des Shift-Gate-Aktors

Zunächst wurden verschiedene Geometrievariationen der Gateshift- und der Sourceshiftkammern sowie der Kammergröße für das PC-Material getestet. In diesen Aufbauten kam Eicosan als PC-Material zum Einsatz. Diese Versuche ergaben, dass bestimmte Geometrieanforderungen erfüllt sein müssen, um einen generell funktionsfähigen Shift-Gate-Aktor zu erhalten. Allerdings war auf Grund der großen Volumenausdehnung des Eicosans in diesem Aufbau kein bistabiler Zustand möglich. Dies konnte allerdings durch die Verwendung von Field'schem Metall als PC-Material erreicht werden. Somit wurde ein dritter Aktortyp erfolgreich auf der elektronischen Plattform aufgebaut, der analog zu dem Aktor auf der Grundla-

117

ge einer Volumenausdehnung auch zum Versperren von mikrofluidischen Kanälen zum Einsatz kommen kann.

5.4 Bond zwischen PDMS und Epoxid

Die während dieser Arbeit entwickelte Methode zum Bonden von PDMS auf Epoxidbauteilen (siehe Abschnitt 4.4) kam sowohl für den Aufbau des Ventils auf der Grundlage einer Volumenausdehnung als auch für den Shift-Gate-Aktor zum Einsatz. Durch die Anwendung dieser Technik beim Aufbau der genannten Aktoren und deren nachgewiesene Funktionstüchtigkeit, konnte auch der Nachweis über die ausgebildete Verbindung zwischen den PDMS-Membranen und den Epoxidbauteilen gezeigt werden. Abbildung 47 zeigt ein Bauteil aus SOMOS® ProtoTherm mit aufgebondeter PDMS-Membran, die sich durch einen Druck im mikrofluidischen Kanal über diesem ausbeult, sich aber nicht vom Bauteil löst.

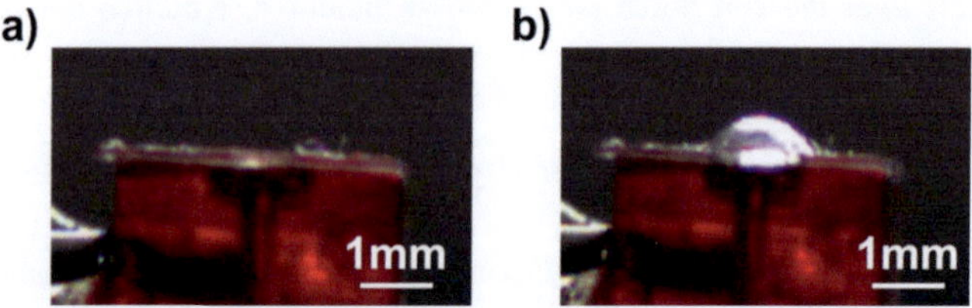

Abbildung 47: Abbildungen eines Verbundes von PDMS und SOMOS® ProthoTherm. a) ohne Druck am mikrofluidischen Kanal - Membran flach auf dem Bauteil, b) Druck am mikrofluidischen Kanal - Membran wölbt sich über dem Kanal.

Um eine Aussage über die Stärke des Bondes treffen zu können, wurden Versuche in Anlehnung an den Versuchsaufbau zur Ermittlung der Bondstärke zwischen PDMS-Bauteilen von Eddings et al. durchgeführt. Hierfür wird die Stärke der Bondverbindung mittels Druckluft ermittelt, die senkrecht auf die Bondfläche wirkt [78]. Bei Versuchen am Bond zwischen

PDMS und Accura® 60 hielt der Bond selbst Drücken von bis zu 84 psi (580 kPa bzw. 5,8 bar) stand, was dem maximalen möglichen Druck des Versuchsaufbaus entspricht (siehe Abbildung 48).

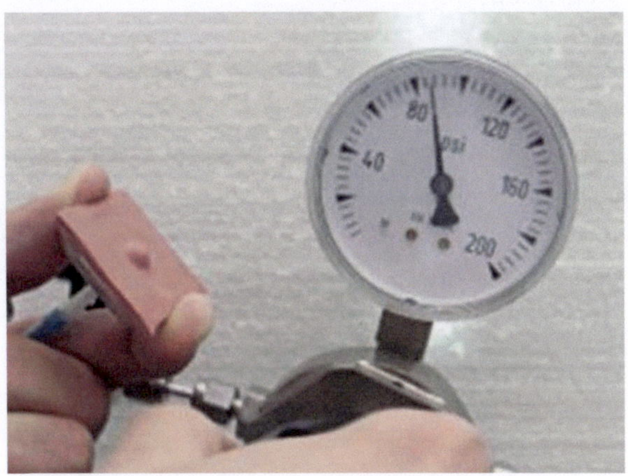

Abbildung 48: Aufnahme zur experimentellen Überprüfung der Bondstärke zwischen PDMS und Accura® 60. Der Versuchsaufbau ist angelehnt an die Versuche von Eddings et al. [78]. Der Bond hält einem Druck von über 80 psi (550 kPa bzw. 5,5 bar) stand.

Im Durchschnitt wurden für dieses Materialpaar eine Dichtheit von > 72 psi (496 kPa bzw. 4,96 bar) gemessen. Damit liegt die Stärke der Verbindung von Accura® 60 und PDMS sogar deutlich über der Bondstärke zwischen zwei PDMS-Bauteilen, die mit Plasma- bzw. Coronabehandlung gebondet wurden und eine Bondstärke von ca. 290 kPa - 300 kPa (2,9 bar - 3 bar) aufwiesen [78].

6. Ausblick und weitere Arbeiten

Im folgenden Kapitel werden die gestellten Ziele mit den erreichten Ergebnissen verglichen sowie die Probleme, die bei den Arbeiten aufgetreten sind, analysiert und Lösungsvorschläge aufgezeigt.

6.1 Elektronische Plattform

Ziel dieser Arbeit war es, eine elektronische Plattform zur Verfügung zu stellen, die als Grundlage für verschiedene Ventil- bzw. Aktortypen dient. Diese Ventile/Aktoren sollten thermisch aktiviert werden und individuell ansteuerbar sein.

Im Rahmen dieser Arbeit wurde eine elektronische Plattform entwickelt, die eine Platine mit 588 SMD-Widerständen (Heizpixelarray) und ein Peltierelement steuert. Durch das Peltierelement ist die Möglichkeit einer Kühlung gegeben, sodass auf dieser Plattform thermische Ventile mit Phasenübergängen bei verschiedenen Temperaturen in einem Bereich von ca. -15 °C bis zu ca. 65 °C realisiert werden können. Dieser Bereich ergibt sich aus der maximalen Kühlleistung des Peltierelementes, die bei etwa -20 °C liegt und der maximalen Heizleistung der verwendeten Widerstände ohne aktive Kühlung, die ungefähr bei 70 °C liegt. Das Heizpixelarray befindet sich auf einer separaten Platine, die lediglich über Steckkontakte mit der elektronischen Plattform verbunden wird und somit leicht auszutauschen ist. Die Widerstände des Heizpixelarrays lassen sich individuell adressieren, womit auch die Aktoren/Ventile separat steuerbar sind. Die Ansteuerung der Widerstände sowie die Regelung der Peltiertemperatur erfolgt für den Nutzer der Plattform über das graphische Interface eines Programmes, das im Rahmen dieser Arbeit entwickelt wurde. Dieses Programm ermöglicht es, die Leistungsparameter der Widerstände in Stufen von 10 % der Maximalleistung individuell zu definieren und auch Gruppen von Widerständen zusammenzufassen und zeitliche Leistungsverläufe (Muster) für bestimmte Widerstände oder Gruppen vorzugeben. Außerdem kann mit Hilfe dieses Programmes die gewünschte Peltiertemperatur eingegeben und überwacht werden.

Für die Auslegung des Heizpixelarrays wurden zunächst Simulationen durchgeführt um die idealen Abstände und Leistungsparameter der Widerstände hinsichtlich eines minimalen thermischen Crosstalks (Beeinflussung benachbarter Widerstände) zu ermitteln. Diese Simulationen erfolgten auf Basis des Durchflussventils, da dieses als einfachste Variante eines thermischen Phasenübergangsventils für eine erste Realisierung geplant war. Demnach wäre eine Anpassung der Abstände und Leistungsparameter für jeden Aktor-/Ventiltyp separat möglich, um die optimalsten Bedingungen für seinen Betrieb zu erhalten. Dies wurde im Rahmen dieser Arbeit jedoch nicht durchgeführt, da der Einsatz dieser elektronischen Plattform für den Betrieb mehrerer verschiedener thermischer Aktoren/Ventile gezeigt werden sollte. Dies ist durch die Bestätigung der Funktionsfähigkeit von drei Varianten von thermisch aktivierten Ventilen/Aktoren auch gelungen.

Es wurde im Rahmen dieser Arbeit also eine elektronische Plattform zur Verfügung gestellt, die die Grundlage für verschiedene Typen von thermischen Phasenübergangsventilen darstellt, die je nach Aktortyp die Realisierung von bis zu 588 einzeln ansteuerbaren Aktoren bzw. Ventilen ermöglicht.

6.2   Durchflussventil

Das Durchflussventil sollte als eine erste Ventilvariante auf der elektronischen Plattform realisiert werden, da es als direktes Phasenübergangsventil die einfachste Form eines Ventils auf der Grundlage eines Phasenüberganges darstellt. Dabei sollte seine generelle Funktionsfähigkeit sowie die Möglichkeit, diesen Ventiltyp auch in einer größeren Anzahl auf der Plattform zu integrieren und die Ventile einzeln anzusteuern, gezeigt werden.

Nach Versuchen an einzelnen Ventilen dieses Typs zur Geometrieoptimierung wurde ein Ventilsystem mit 24 Durchflussventilen auf der elektronischen Plattform aufgebaut. Mit diesen Versuchen wurde sowohl die generelle Funktionsfähigkeit des Ventils als auch seine Skalierbarkeit auf eine Vielzahl von Ventilen gezeigt. Die Reaktionszeiten dieses Ventils betragen ca. 40 s zum Schließen und bis zu 150 s zum Öffnen des einzelnen Ventils. Diese Zeiten sind von der Anzahl der betriebenen Ventile unabhängig, was verdeutlicht, dass nicht nur der Aufbau einer größeren Anzahl von Ventilen möglich ist, sondern auch ihr Betrieb nicht von der Anzahl der Ventile abhängt.

Allerdings sind die mit den Durchflussventilen erzielten Schaltzeiten für praktische Anwendungen zu hoch. Optimierungsmöglichkeiten zur Reduzierung der Schaltzeiten sind zum einen durch eine Änderung der Ventilgeometrie möglich. So sollte eine Reduzierung des Volumens in der aktiven Ventilzone und somit des Volumens des Phasenübergangsmaterials für kürzere Reaktionszeiten sorgen. Zum anderen könnte ein anderes Material für den mikrofluidischen Chip verwendet werden, vorzugsweise ein Material mit besserer thermischer Isolation. Dadurch sollten sich die Reaktionszeiten zusätzlich verkürzen lassen, da in einem solchen Aufbau der Wärmeein- und -austrag des Gesamtsystems und somit auch die gesamte thermische Masse reduziert werden kann. Eine weitere Reduzierung der Zeiten zum Schließen des Ventils kann dadurch erreicht werden, dass der Fluss während des Schaltvorgangs kurzzeitig unterbrochen wird (Stopflow), was ein schnelleres Gefrieren ermöglicht. Die Verwendung von Stop-flow würde auch den Fall ausschließen, dass ein Ventil bei zu hoher Flussrate gar nicht mehr geschlossen werden kann (siehe Abschnitt 2.3.3).

Des Weiteren ist bei diesem Ventiltyp zu beachten, dass die ermittelten Temperaturprofile und die Temperatur des Peltierelementes für diesen speziellen Aufbau und die verwendeten Versuchsparameter (Tetradekan als Phasenübergangsmedium, Fließgeschwindigkeit von 40 µl/min) optimiert wurden. Bei der Verwendung anderer Phasenübergangsmedien, eines neuen Chipmaterials oder einer anderen Flussgeschwindigkeit ist die Temperaturverteilung im System neu zu bestimmen und eine Anpassung der Temperaturprofile vorzunehmen.

Mit Hilfe solcher Anpassungen sollte es möglich sein, die Reaktionszeiten dieses Ventiltyps zu verbessern, was seine Anwendbarkeit für reale Applikationen, z. B. in der Kombinatorik mittels indirekter Mikrofluidik noch attraktiver machen würde.

Abschließend lässt sich sagen, dass mit dem Durchflussventil ein einfaches Ventilsystem zur Verfügung gestellt wird, was sich sehr gut auf der in dieser Arbeit entwickelten elektronischen Plattform integrieren lässt und bei geeigneter Kanalführung die Möglichkeit einer großen Anzahl von individuell steuerbaren Ventilen bietet.

6.3 Aktor auf der Grundlage einer Volumenausdehnung

Mit dem Aktor auf der Grundlage einer Volumenausdehnung sollte eine weitere Variante eines Phasenübergangsaktors aufgebaut und auf der elektronischen Plattform getestet werden. Des Weiteren sollte dieser Aktor in ein mikrofluidisches System integriert werden und dort durch die Ausbeulung einer Membran in Folge der Volumenausdehnung des PC-Materials den Kanal verschließen, also ebenfalls als Ventil fungieren. Diese Ventilfunktion sollte am Beispiel eines fluidischen Systems mit mehreren Ein- und Ausgängen gezeigt werden.

Mehrere Aktoren auf der Grundlage einer Volumenausdehnung wurden erfolgreich auf der elektronischen Plattform aufgebaut und ihre Funktionsfähigkeit experimentell bestätigt. Jedoch kam es teilweise zu einer verminderten Leistungsfähigkeit durch eine verringerte Volumen-ausdehnung in Folge von Lufteinschlüssen im Phasenübergangsmaterial (SE-Wachs 517). Diese sind auf den schichtweisen Aufbaus des Aktors und das manuelle Einfüllen des PC-Materials mit Hilfe einer Spritze in die jeweilige Kammer für das PC-Material zurückzuführen. Um Luft-einschlüsse zu verhindern, müsste das Paraffin zunächst evakuiert werden und sollte bei einem Unterdruck in die Kammern appliziert werden, ähnlich dem Aufbau von Klintberg et al. [91].

Die Reaktionszeiten, die mit diesem Aktor erzielt wurden, liegen bei bis zu 180 s zum Schließen des Kanals und bis zu 60 s zum Öffnen. Somit ist das Verhältnis der Reaktionszeiten zueinander genau umgekehrt im Vergleich zum Durchflussventil, d. h. hier ist die Zeit zum Schließen des Kanals deutlich länger als die benötigte Zeit zum Öffnen. Insgesamt sind allerdings auch hier die Reaktionszeiten für praktische Anwendungen noch zu hoch. Eine deutliche Reduzierung der Reaktionszeiten ist durch eine Reduzierung des Volumens des PC-Materials möglich. Es ist allerdings zu beachten, dass damit auch der erzeugte Hub deutlich geringer ausfällt und die Geometrie der fluidischen Kanäle entsprechend angepasst werden muss. Eine weitere Reduzierung der Zeit zum Schließen des Kanals, also dem Schmelzen des PC-Materials, kann durch eine höhere Betriebstemperatur erreicht werden. Hierzu ist allerdings ein Chipmaterial mit einer höheren Glasübergangstemperatur notwendig, um ungewolltes Verformen der Strukturen beim Heizen zu verhindern. Des Weiteren wird sich bei einer Erhöhung der Betriebstemperatur zwar die Schmelzzeit des PC-Materials und somit die Zeit zum Schließen des Kanals verringern, allerdings sollte sich auch die Zeit, die zum Erstarren des PC-Materials und somit zum Öffnen des Kanals notwendig ist erhöhen. Hier ist ein geeignetes Optimum aus beiden Reaktionszeiten zu finden. Außerdem könnte das Peltierelement, das im elektronischen Aufbau vorhanden ist, zur Kühlung des Gesamtsystems eingesetzt werden und so das Erstarren des PC-Materials beschleunigen. Allerdings würde sich dadurch wiederum die Zeit zum Schmelzen erhöhen.

Im Allgemeinen ist es aber möglich, die Reaktionszeiten dieses Ventiltyps durch ein geändertes Design sowie eine angepasste Materialauswahl und

Temperaturregelung deutlich zu reduzieren, was durch Beispiele aus der Literatur belegt werden kann [25].

Abschließend lässt sich auch bei den Versuchen zu diesem Aktortyp sagen, dass hiermit ein weiteres Ventil auf der Basis eines thermisch aktivierten Phasenüberganges erfolgreich auf der elektronischen Plattform aufgebaut werden konnte. Die Skalierbarkeit dieses Aktortyps wurde an Hand eines mikrofluidischen Kanalsystems mit 28 integrierten Ventilen dieser Art bestätigt.

6.4   Shift-Gate-Aktor

Als eine dritte Aktorvariante sollte ein bistabiler Aktor, der Shift-Gate-Aktor, hinsichtlich seiner Funktionstüchtigkeit und seiner Integrierbarkeit auf der elektronischen Plattform untersucht werden.

Durch den Einsatz von Field'schem Metall als Phasenübergangsmedium konnte ein bistabiler Shift-Gate-Aktor aufgebaut werden. Die Reaktionszeiten für diesen Aktor liegen mit durchschnittlich 162 s zum Setzten eines Aktorzustandes für praktische Anwendungen auch noch sehr hoch. Auch hier könnten durch eine höhere Betriebstemperatur schnellere Schmelzzeiten für das Field'sche Metall erreicht werden. Da das Schmelzen des Metalls den größten Anteil an der Gesamtreaktionszeit aufwies, könnte somit eine Reduzierung der gesamten Reaktionszeit zum Setzten eines Aktorzustandes erreicht werden. Des Weiteren könnte ein anderes PC-Material verwendet werden, was ebenfalls eine möglichst geringe Volumenausdehnung aufweist, aber einen geringeren Schmelzpunkt sowie eine geringere Schmelzenthalpie besitzt. Beides würde zu einer Reduzierung der Reaktionszeiten führen. Eine Reduzierung der Menge des PC-Materials ist im jetzigen Aufbau nicht möglich, da das Field'sche Metall eine relativ hohe Viskosität und Oberflächenspannung besitzt und sich so nicht so einfach verschieben und in kleinere Spalte drücken lässt. Durch die Verwendung eines PC-Materials, welches eine geringere Viskosität im flüssigen Zustand

126

besitzt, könnte sich das Material mit weniger Druck auf dem Gatekanal verschieben lassen und auch schmalere Sourceshiftkammern gut verschließen. Durch eine Verringerung der Dimensionen der Sourceshiftkammer könnte auch die Größe der Gateshiftkammer reduziert werden, wodurch auch die benötigte Menge an PC-Material sinkt.

Allgemein lässt sich aber zu den Versuchen zum Aufbau des Shift-Gate-Aktors sagen, dass mit diesem Aktor ein neuer bistabiler Aktor auf der Grundlage eines Phasenübergangs entwickelt wurde, welcher erfolgreich auf der in dieser Arbeit entwickelten elektronischen Plattform integriert werden konnte.

6.5   Bondverfahren

Um Epoxidbauteile mit PDMS-Membranen, die für den Aufbau indirekter Phasenübergangsventile häufig zum Einsatz kommen, zu ermöglichen, musste im Rahmen dieser Arbeit eine Möglichkeit gefunden werden, diese beiden Stoffe miteinander zu verbinden.

Es wurden zwei Methoden entwickelt, sowohl eine hydrophile Oberfläche als auch eine Oberfläche mit freien Epoxidringen so zu beschichten, dass eine PDMS ähnliche Oberfläche („Pseudo-PDMS"-Schicht) entsteht. Diese Oberflächen konnten dann, mittels des aus der Literatur bekannten Verfahrens zur Verbindung zweier PDMS-Bauteile infolge einer Aktivierung der Oberflächen durch eine Coronaentladung, erfolgreich an PDMS-Membranen gebondet werden. Bisher wurde das Verfahren für den Aufbau des Aktors auf Grundlage einer Volumenausdehnung und des Shift-Gate-Aktors angewandt und somit die erfolgreiche Verbindung von PDMS-Membranen auf Epoxiden qualitativ nachgewiesen. Erste Versuche hinsichtlich der Quantität der Bondstärke wurden bereits mit Hilfe eines Versuchsaufbaus nach Eddings et al. [78] durchgeführt. Eine konkrete Aussage über die Festigkeit des Bonds sollte mit Hilfe von standardisierten Zugversuchen gewonnen werden können. Des Weiteren wäre es sinnvoll, Untersuchungen zur Langzeitstabilität der Verbindung durchzuführen, um eine dauerhafte Dichtigkeit der mit dieser Technik aufgebauten Baugruppen zu gewährleisten. Weitere Arbeiten auf diesem Gebiet sollten zudem darin bestehen zu überprüfen, ob eine Ausweitung dieser Methode auch auf weitere gängige Epoxide in der Mikrofluidik bzw. allgemein der Mikrosystemtechnik möglich ist.

Allerdings ist bereits jetzt durch die Entwicklung dieser Bondmethoden erstmalig die Möglichkeit gegeben, Epoxidbauteile mit PDMS-Membranen zu verbinden.

7. Zusammenfassung

Das Ziel dieser Arbeit war es, eine elektronische Plattform für eine große Anzahl an thermischen Mikroventilen, die individuell ansteuerbar sind, zur Verfügung zu stellen. Diese Plattform sollte im Anschluss daran mit verschiedenen thermischen Phasenübergangsventilen getestet werden.

Die in dieser Arbeit entwickelte Plattform bietet die Grundlage für verschiedene Phasenübergangsventile. Durch die Verwendung eines Peltierelementes ist die Möglichkeit zur aktiven Kühlung der Mikroventile gegeben. Als Wärmequelle kommen SMD-Widerstände zum Einsatz. Die Widerstände sind in 12 Reihen und 49 Spalten (insgesamt also 588 Widerstände) in Form einer Diodenmatrix auf dem sogenannten Heizpixelarray angeordnet, wodurch ein separates Ansteuern eines jeden Widerstandes ermöglicht wird. Somit ist auch die Möglichkeit zur individuellen Ansteuerung von bis zu 588 Phasenübergangsventilen gegeben, da diesen Ventilen unabhängig voneinander Wärme zugeführt werden kann. Über die grafische Benutzeroberfläche einer für diese Plattform entwickelten Software kann sowohl die Peltiertemperatur als auch die Leistung der einzelnen Widerstände gesteuert werden. Des Weiteren ist es mit dieser Software möglich, einzelne Widerstände zu Gruppen zusammenzufassen sowie bestimmte Abfolgen von Leistungswerten (Muster) für einzelne Widerstände oder Gruppen zu hinterlegen. Dadurch kann die Steuerung der einzelnen Widerstandstemperaturen bei Bedarf für den Nutzer erleichtert werden. Auf Grund der Leistungsparameter des Peltierelementes sowie der SMD-Widerstände bietet diese Plattform die Möglichkeit, Phasenübergangsventile mit einem Phasenübergang im Bereich zwischen -15 °C und 65 °C zu realisieren. Die einzelnen Ventilaufbauten können direkt auf das Heizpixelarray aufgeklebt werden. Da das Heizpixelarray lediglich über Steckkontakte mit der Steuerelektronik verbunden wird, ist so der einfache Austausch des Heizpixelarrays sowie verschiedener Ventilanordnungen auf diesem Array möglich.

Die Eignung der elektronischen Plattform für den Betrieb verschiedener thermisch aktivierter Phasenübergangsventile wurde am Beispiel von drei Ventilen/Aktoren gezeigt.

Als erstes Ventil auf der Plattform wurde der einfachste Fall eines direkten Phasenübergangsventils realisiert. Hierbei wird, bedingt durch den Verlauf der mikrofluidischen Kanäle, das fluidische Medium lokal begrenzt direkt im Kanal durch Kühlung mittels des Peltierelementes eingefroren. Durch die Erzeugung von Wärme mit Hilfe der SMD-Widerstände an diesen Stellen wird das Medium wieder aufgetaut und der Fluss freigegeben. Dieses Ventilkonzept wurde sowohl an einer Einzelzelle als auch einem Aufbau mit 24 Ventilen getestet. Somit konnte die Skalierbarkeit dieses Ventiltyps und die Eignung der Plattform für eine größere Anzahl von Phasenübergangsventilen gezeigt werden.

Als eine zweite Variante von Phasenübergangsventilen wurde ein Aktor auf der Grundlage einer Volumenausdehnung während des Phasenübergangs realisiert. Die Volumenausdehnung des Aktormediums während des Schmelzvorganges wird dazu verwendet, eine flexible Membran auszubeulen und mit dieser, analog zu den pneumatisch aktuierten Mikroventilen, einen mikrofluidischen Kanal zu versperren. Um die Eignung der elektronischen Plattform auch für die Verwendung solcher indirekten Phasenübergangsventile zu demonstrieren, wurde ein mikrofluidisches Kanalsystem mit 28 Ventilen aufgebaut und erfolgreich getestet.

Ein weiterer auf der Plattform realisierter Aktor ist der Shift-Gate-Aktor. Der Sourcekanal dient dazu, je nach Druckbeaufschlagung eine flexible Membran auszubeulen und so einen mikrofluidischen Kanal zu verschließen. Durch die Absperrung des Sourcekanals ist es möglich, den jeweiligen Zustand des Ventils zu fixieren, ohne das ein weiterer Druck auf diesem Kanal nötig ist. Dieses Absperren erfolgt mit Hilfe eines Phasenübergangsaktors. Bei diesem Aktor wird der Phasenübergang des Phasenübergangsmediums von fest nach flüssig dazu ausgenutzt, das Medium im flüssigen Zustand durch das Anlegen eines Druckes auf den Gatekanal so zu verschieben, dass der Sourcekanal, durch die Ausbeulung einer Membran blockiert wird. Durch ein Erstarren des Phasenübergangsmediums in diesem Zustand, wird der Sourcekanal ohne das Anlegen eines weiteren Druckes blockiert. Somit ist der Aktor bistabil.

Um die benötigten Verbindungen der flexiblen Membranen, die aus PDMS gefertigt wurden, mit den starren mikrofluidischen Bauteilen, die aus Epoxid bestehen, herzustellen, kam eine im Rahmen dieser Arbeit entwickelte Methode zum Bonden von PDMS auf Epoxide zum Einsatz. Bei dieser Methode wird auf der Epoxidoberfläche durch eine chemische Oberflächenbehandlung zunächst eine PDMS ähnliche Schicht erzeugt, auch „Pseudo-PDMS"-Schicht genannt. Im Anschluss daran war es möglich, die so behandelten Epoxidbauteile ebenso wie die PDMS-Membranen mittels Coronaentladungen zu aktivieren, sodass sich durch Zusammenpressen der beiden Oberflächen eine stabile Verbindung zwischen diesen ausbilden konnte.

Mit dieser Methode ist es also möglich, PDMS- und Epoxidbauteile miteinander zu verbinden.

Mit der im Rahmen dieser Arbeit entwickelten elektronischen Plattform wird somit ein System zur Verfügung gestellt, das den Betrieb von bis zu 588 unterschiedlichen, thermisch aktivierten und individuell ansteuerbaren Phasenübergangsventilen ermöglicht. Des Weiteren wurde eine Methode vorgestellt, die es erstmals ermöglichte, PDMS-Bauteile und Epoxidbauteile miteinander zu verbinden.

A Veröffentlichungen

2012

C. Neumann, A. Voigt, L. Pires, B. E. Rapp
*Design and characterization of a platform for thermal actuation of up to
588 microfluidic valves*
Microfluidics and Nanofluidics, 14, 1-2, S. 177-186, 2013

C. Neumann, B. E. Rapp, A. Voigt, E. Wilhelm
*Bistabiler Aktor, Aktoranordnung, Verfahren zum Aktuieren und Verwen-
dung*
eingereichte Schutzrechtsanmeldung 10201200592.2, Anmeldetag:
23.03.2012, in Veröffentlichung

2011

C. Neumann, A. Voigt, B. E. Rapp
A large scale thermal microfluidic valve platform
15th International Conference on Miniaturized Systems for Chemistry and
Life Sciences, October 2-6, 2011, Seattle, Washington, USA,
Proceedings S. 428-430, CBMS Catalog Number: 11CBMS-0001,
ISBN: 978-0-9798064-4-5

C. Neumann, B. E. Rapp
*MF-Braille - Ein mikrofluidisches Brailledisplay im DIN A4 Format mit
960 Zeichen*
BMBF-Projekt im Förderschwerpunkt „IKT 2020 - Forschung für Innova-
tionen", Förderkennzeichen 16SV5775, Förderperiode 02/2012-02/2014

C. Neumann, A. Voigt, B. E. Rapp
A large scale thermal microfluidic valve platform
Gordon Research Conference "Physics & Chemistry of Microfluidics", 26.06.2011-01.07.2011, Waterville Valley, New Hampshire, USA

B   Curriculum vitae

Persönliche Daten

Name	Christiane Neumann
Anschrift	Donauring 71c, 76344 Eggenstein-Leopoldshafen
Geburtsdatum	30.09.1984
Geburtsort	Lutherstadt Wittenberg
Staatsangehörigkeit	deutsch
Familienstand	ledig

Schulausbildung

1991-1995	Grundschule Jessen Nord, Jessen
1995-2004	Gymnasium Jessen, Jessen, Allgemeine Hochschulreife vom 25.06.2004: Abschlussnote 1,2

Studium und Qualifikationen

10/2004 - 09/2009	Studium der Technischen Physik an der TU Ilmenau
	Schwerpunkte: Neue Materialien, Biomolekulare und Chemische Nanotechnik
	Vordiplom: vom 21.08.2006

	Diplomarbeit: Mikrotribologie, „Tribologische Untersuchungen an dentalen Oberflächen" (Note 1,4)
	Diplom: vom 17.09.2009, Abschlussnote 2,0
10/2009-12/2012	Promotion am Institut für Mikrostrukturtechnik, Karlsruher Institut für Technologie: „Entwicklung einer Plattform zur individuellen Ansteuerung von Mikroventilen und Aktoren auf der Grundlage eines Phasenüberganges zum Einsatz in der Mikrofluidik" Abschluss: mündliche Doktorprüfung am 04.12.2012

C Literaturverzeichnis

1. *Mikrosystemtechnik : Prozessschritte, Technologien, Anwendungen*, ed. U. Hilleringmann2006, Wiesbaden: B.G. Teubner Verlag / GWV Fachverlage GmbH, Wiesbaden. Online-Ressource.

2. *Status of the MEMS Industry.* [Webpage] 2012 [cited 2012 11.07.]; Available from: http://www.i-micronews.com/reports/Status-MEMS-Industry/1/299/.

3. *Microfluidics sector poised for 23% growth.* [Webpage] 2012 [cited 2012 11.07.]; Available from: http://memsblog.wordpress.com/2012/02/16/microfluidics-sector-poised-for-23-growth/.

4. Vyawahare, S., A.D. Griffiths, and C.A. Merten, *Miniaturization and Parallelization of Biological and Chemical Assays in Microfluidic Devices.* Chemistry & Biology, 2010. **17**(10): p. 1052-1065.

5. Mosadegh, B., et al., *Next-generation integrated microfluidic circuits.* Lab on a Chip, 2011. **11**(17): p. 2813-2818.

6. Melin, J. and S.R. Quake, *Microfluidic large-scale integration: The evolution of design rules for biological automation*, in *Annual Review of Biophysics and Biomolecular Structure*2007. p. 213-231.

7. Thorsen, T., S.J. Maerkl, and S.R. Quake, *Microfluidic large-scale integration.* Science, 2002. **298**(5593): p. 580-584.

8. Nguyen, N.-T. and S.T. Wereley, *Fundamentals and applications of microfluidics.* 2. ed. ed. Artech House integrated microsystems series2006, Boston, Mass. [u.a.]: Artech House. XIII, 497 S.

9. Terry, S.C., J.H. Jerman, and J.B. Angell, *Gas-chromatographic air analyzer fabricated on a silicon-wafer* IEEE Transactions on Electron Devices, 1979. **26**(12): p. 1880-1886.

10. Tabeling, P., *Introduction to microfluidics.* Repr. ed2006, Oxford [u.a.]: Oxford University Press. VII, 301 S.

11. Reynolds, O., *An Experimental Investigation of the Circumstances Which Determine Whether the Motion of Water Shall Be Direct or*

Sinuous, and of the Law of Resistance in Parallel Channels. Philosophical Transactions of the Royal Society of London, 1883. **174**: p. 935-982.

12. Rapp, B.E., et al., *An indirect microfluidic flow injection analysis (FIA) system allowing diffusion free pumping of liquids by using tetradecane as intermediary liquid.* Lab on a Chip, 2009. **9**(2): p. 354-356.

13. Oh, K.W. and C.H. Ahn, *A review of microvalves.* Journal of Micromechanics and Microengineering, 2006. **16**(5): p. R13-R39.

14. Cho, H.J., et al., *Stress analysis of silicon membranes with electroplated permalloy films using Raman scattering.* Magnetics, IEEE Transactions on, 2001. **37**(4): p. 2749-2751.

15. Shikida, M., et al., *Electrostatically driven gas valve with high conductance.* Microelectromechanical Systems, Journal of, 1994. **3**(2): p. 76-80.

16. Kirby, B.J., T.J. Shepodd, and E.F. Hasselbrink Jr, *Voltage-addressable on/off microvalves for high-pressure microchip separations.* Journal of Chromatography A, 2002. **979**(1–2): p. 147-154.

17. Li, H.Q., et al., *Fabrication of a high frequency piezoelectric microvalve.* Sensors and Actuators A: Physical, 2004. **111**(1): p. 51-56.

18. Jerman, H., *Electrically activated normally closed diaphragm valves.* Journal of Micromechanics and Microengineering, 1994. **4**(4): p. 210.

19. Takao, H., et al., *A MEMS microvalve with PDMS diaphragm and two-chamber configuration of thermo-pneumatic actuator for integrated blood test system on silicon.* Sensors and Actuators A: Physical, 2005. **119**(2): p. 468-475.

20. Kahn, H., M.A. Huff, and A.H. Heuer, *The TiNi shape-memory alloy and its applications for MEMS.* Journal of Micromechanics and Microengineering, 1998. **8**(3): p. 213.

21. Lisec, T., M. Kreutzer, and B. Wagner, *A bistable pneumatic microswitch for driving fluidic components.* Sensors and Actuators A: Physical, 1996. **54**(1–3): p. 746-749.

22. Neagu, C.R., et al., *An electrochemical active valve.* Electrochimica Acta, 1997. **42**(20–22): p. 3367-3373.

23. Richter, A., et al., *Electronically controllable microvalves based on smart hydrogels: Magnitudes and potential applications.* Journal of Microelectromechanical Systems, 2003. **12**(5): p. 748-753.

24. Liu, Y., et al., *DNA Amplification and Hybridization Assays in Integrated Plastic Monolithic Devices.* Analytical Chemistry, 2002. **74**(13): p. 3063-3070.

25. Carlen, E.T. and C.H. Mastrangelo, *Electrothermally activated paraffin microactuators.* Journal of Microelectromechanical Systems, 2002. **11**(3): p. 165-174.

26. Yoshida, K., et al., *Fabrication of micro electro-rheological valves (ER valves) by micromachining and experiments.* Sensors and Actuators A: Physical, 2002. **95**(2–3): p. 227-233.

27. Hatch, A., et al., *A ferrofluidic magnetic micropump.* Microelectromechanical Systems, Journal of, 2001. **10**(2): p. 215-221.

28. Oh, K.W., et al., *World-to-chip microfluidic interface with built-in valves for multichamber chip-based PCR assays.* Lab on a Chip, 2005. **5**(8): p. 845-850.

29. Hasegawa, T., K. Ikuta, and K. Nakashima. *10-way micro switching valve chip for multi-directional flow control.* in *7th International Conference on Miniaturized Chemical and Biochemical Analysis Systems.* 2003. Squaw Valley, California USA.

30. Grover, W.H., et al., *Monolithic membrane valves and diaphragm pumps for practical large-scale integration into glass microfluidic devices.* Sensors and Actuators B: Chemical, 2003. **89**(3): p. 315-323.

31. Unger, M.A., et al., *Monolithic microfabricated valves and pumps by multilayer soft lithography.* Science, 2000. **288**(5463): p. 113-116.

32. Zengerle, R., et al., *A bidirectional silicon micropump.* Sensors and Actuators A: Physical, 1995. **50**(1–2): p. 81-86.

33. Li, B., et al., *Development of large flow rate, robust, passive micro check valves for compact piezoelectrically actuated pumps.* Sensors and Actuators A: Physical, 2005. **117**(2): p. 325-330.

34. Carrozza, M.C., et al., *A piezoelectric-driven stereolithography-fabricated micropump.* Journal of Micromechanics and Microengineering, 1995. **5**(2): p. 177.

35. Hasselbrink, E.F., T.J. Shepodd, and J.E. Rehm, *High-Pressure Microfluidic Control in Lab-on-a-Chip Devices Using Mobile Polymer Monoliths.* Analytical Chemistry, 2002. **74**(19): p. 4913-4918.

36. Stemme, E. and G. Stemme, *A valveless diffuser/nozzle-based fluid pump.* Sensors and Actuators A: Physical, 1993. **39**(2): p. 159-167.

37. Yamada, M. and M. Seki, *Nanoliter-Sized Liquid Dispenser Array for Multiple Biochemical Analysis in Microfluidic Devices.* Analytical Chemistry, 2004. **76**(4): p. 895-899.

38. Lee, J., et al., *Electrowetting and electrowetting-on-dielectric for microscale liquid handling.* Sensors and Actuators A: Physical, 2002. **95**(2–3): p. 259-268.

39. Duffy, D.C., et al., *Microfabricated Centrifugal Microfluidic Systems: Characterization and Multiple Enzymatic Assays.* Analytical Chemistry, 1999. **71**(20): p. 4669-4678.

40. Andersson, H., et al., *Hydrophobic valves of plasma deposited octafluorocyclobutane in DRIE channels.* Sensors and Actuators B: Chemical, 2001. **75**(1–2): p. 136-141.

41. Grover, W.H., et al., *Development and multiplexed control of latching pneumatic valves using microfluidic logical structures.* Lab on a Chip, 2006. **6**(5): p. 623-631.

42. Shaikh, K.A., S.F. Li, and C. Liu, *Development of a Latchable Microvalve Employing a Low-Melting-Temperature Metal Alloy.* Journal of Microelectromechanical Systems, 2008. **17**(5): p. 1195-1203.

43. Yang, B. and Q. Lin, *A Latchable Phase-Change Microvalve With Integrated Heaters.* Journal of Microelectromechanical Systems, 2009. **18**(4): p. 860-867.

44. Eddington, D.T. and D.J. Beebe, *A valved responsive hydrogel microdispensing device with integrated pressure source.* Journal of Microelectromechanical Systems, 2004. **13**(4): p. 586-593.

45. Baldi, A., et al., *A hydrogel-actuated environmentally sensitive microvalve for active flow control.* Journal of Microelectromechanical Systems, 2003. **12**(5): p. 613-621.

46. Ogden, S., R. Boden, and K. Hjort, *A Latchable Valve for High-Pressure Microfluidics.* Journal of Microelectromechanical Systems, 2010. **19**(2): p. 396-401.

47. Klintberg, L., et al., *A large stroke, high force paraffin phase transition actuator.* Sensors and Actuators A: Physical, 2002. **96**(2–3): p. 189-195.

48. Yu, C., et al., *Flow control valves for analytical microfluidic chips without mechanical parts based on thermally responsive monolithic polymers.* Analytical Chemistry, 2003. **75**(8): p. 1958-1961.

49. Liu, R.H., et al., *Single-use, thermally actuated paraffin valves for microfluidic applications.* Sensors and Actuators B-Chemical, 2004. **98**(2-3): p. 328-336.

50. Bevan, C.D. and I.M. Mutton, *Freeze-thaw flow management - A novel concept for high-performance liquid-chromatography, capillary electrophoresis, electrochromatography and associated techniques.* Journal of Chromatography A, 1995. **697**(1-2): p. 541-548.

51. Colin, B. and B. Mandrand, *Vanne statique à congélation, et enceinte de traitement contrôlée par au moins une telle vanne,* in *European Patent Office*1999, Bio Merieux, Marcy L'Etoile, France: France. p. 17.

52. Takagi, Y., Y. Kojima, and K. Mitani, *Apparatus for and method of controlling the opening and closing of channel for liquid,* 1995, HITACHI, LTD. 6, Kanada Surugadai 4-chome Chiyoda-ku, Tokyo 101 (JP): Japan. p. 25.

53. Gui, L. and J. Liu, *Ice valve for a mini/micro flow channel.* Journal of Micromechanics and Microengineering, 2004. **14**(2): p. 242-246.

54. Gui, L., et al., *Microfluidic phase change valve with a two-level cooling/heating system.* Microfluidics and Nanofluidics, 2011. **10**(2): p. 435-445.

55. Rosengarten, G., S. Mutzenich, and K. Kalantar-zadeh, *Integrated micro thermoelectric cooler for microfluidic channels.* Experimental Thermal and Fluid Science, 2006. **30**(8): p. 821-828.

56. Myers, T.G. and J. Low, *An approximate mathematical model for solidification of a flowing liquid in a microchannel.* Microfluidics and Nanofluidics, 2011. **11**(4): p. 417-428.

57.   Noll, W., *Chemie und Technologie der Silicone : mit 97 Tab*1960, Weinheim/Bergstr.: Verl. Chemie. XV, 460 S.

58.   *Elastosil(R) M 4600 A/B*, W.C. AG, Editor 2012, DRAWIN Vertriebs-GmbH, Riemerling/Ottobrunn: München.

59.   *Elastosil(R) M 4600*, W.C. AG, Editor 2012, DRAWIN Vertriebs-GmbH, Riemerling Ottobrunn: München.

60.   Kabei, N., et al., *A thermal-expansion-type microactuator with paraffin as the expansive material (basic performance of a prototype linear actuator)*. Jsme International Journal Series C-Mechanical Systems Machine Elements and Manufacturing, 1997. **40**(4): p. 736-742.

61.   *Paraffin products : properties, technologies, applications*. Developments in petroleum science ; 14, ed. G. Mózes1982, Amsterdam [u.a.]: Elsevier. 335 S.

62.   Srivastava, S.P., et al., *Phase-transition studies in n-alkanes and petroleum-related waxes—A review*. Journal of Physics and Chemistry of Solids, 1993. **54**(6): p. 639-670.

63.   Breitmaier, E. and G. Jung, *Organische Chemie : Grundlagen, Verbindungsklassen, Reaktionen, Konzepte, Molekülstruktur, Naturstoffe; ... 133 Tabellen*. 6., überarb. Aufl. ed2009, Stuttgart: Thieme. XVIII, 1041 S.

64.   *n-tetradecan*, M. KGaA, Editor 2012, VWR: Darmstadt, Germany.

65.   Lee, J.N., C. Park, and G.M. Whitesides, *Solvent Compatibility of Poly(dimethylsiloxane)-Based Microfluidic Devices*. Analytical Chemistry, 2003. **75**(23): p. 6544-6554.

66.   *3M™ Flüssigkeiten für das Wärmemanagement*. [Webpage] 2010 [cited 2012 18.05]; Available from: http://multimedia.3m.com/mws/mediawebserver?mwsId=66666U uZjcFSLXTtn8TamXfEEVuQEcuZgVs6EVs6E666666-- &fn=ThermalMgmtMilitary_Aero.pdf.

67.   Waldbaur, A., et al., *Let there be chip-towards rapid prototyping of microfluidic devices: one-step manufacturing processes*. Analytical Methods, 2011. **3**(12): p. 2681-2716.

68.   Wistuba, E., *Kleben und Klebstoffe*. Chemie in unserer Zeit, 1980. **14**(4): p. 124-133.

69.   *DELO-KATIOBOND 4552*, D.I.K.G.C. KGaA, Editor 2010, DELO Industrie Klebstoffe GmbH & Co. KGaA: Windach.

70.   *Direktmontage : Handbuch über die Verarbeitung ungehäuster ICs*, ed. H. Reichl1998, Berlin: Springer. XII, 364 S.

71.   *UHU® plus endfest (Binder und Härter)*, U.G.C. KG, Editor 2011, UHU GmbH & Co. KG: Bühl.

72.   *TSE 399C*, M.A. Ind., Editor 2010, Conrad Electronic SE: Waterford.

73.   Satyanarayana, S., R.N. Karnik, and A. Majumdar, *Stamp-and-stick room-temperature bonding technique for microdevices.* Journal of Microelectromechanical Systems, 2005. **14**(2): p. 392-399.

74.   Go, J.S. and S. Shoji, *A disposable, dead volume-free and leak-free in-plane PDMS microvalve.* Sensors and Actuators a-Physical, 2004. **114**(2-3): p. 438-444.

75.   Duffy, D.C., et al., *Rapid prototyping of microfluidic systems in poly(dimethylsiloxane).* Analytical Chemistry, 1998. **70**(23): p. 4974-4984.

76.   Haubert, K., T. Drier, and D. Beebe, *PDMS bonding by means of a portable, low-cost corona system.* Lab on a Chip, 2006. **6**(12): p. 1548-1549.

77.   Bhattacharya, S., et al., *Studies on surface wettability of poly(dimethyl) siloxane (PDMS) and glass under oxygen-plasma treatment and correlation with bond strength.* Journal of Microelectromechanical Systems, 2005. **14**(3): p. 590-597.

78.   Eddings, M.A., M.A. Johnson, and B.K. Gale, *Determining the optimal PDMS-PDMS bonding technique for microfluidic devices.* Journal of Micromechanics and Microengineering, 2008. **18**(6).

79.   Young, T., *An Essay on the Cohesion of Fluids.* Philosophical Transactions of the Royal Society of London, 1805. **95**: p. 65-87.

80.   Butt, H.-J., K. Graf, and M. Kappl, *Contact Angle Phenomena and Wetting*, in *Physics and Chemistry of Interfaces*2004, Wiley-VCH Verlag GmbH & Co. KGaA. p. 118-144.

81.   *PTC thermistors*, Epcos, Editor 2006.

82.   Rapp, B.E., T. Duttenhofer, and K. Laenge. *20/100/400-channel chemically inert, reversibel parallel microfluidic connector as generic chip-to-world interface.* in *The 14th International Conference on Miniaturized Systems for Chemistry and Life Sciences (µTAS 2010)*. 2010. Groningen, Netherlands.

83. *Polyethylenglykol 400*, S.-A.C. GmbH, Editor 2012, Sigma-Aldrich Chemie GmbH: Steinheim.

84. *Polyethylenglykol 600*, S.-A.C. GmbH, Editor 2012, Sigma-Aldrich Chemie GmbH: Steinheim.

85. *Polyethylenglykol 1000*, S.-A.C. GmbH, Editor 2011, Sigma-Aldrich Chemie GmbH: Steinheim.

86. Glage, F.-M., *Schmelztemperatur von weichem Paraffin*, E. Wilhelm, Editor 2011, Wachsfabrik Segeberg GmbH, Bad Segeberg, Deutschland.

87. *Sasolwax 5603*, S.W. GmbH, Editor 2010: Hamburg.

88. *Accura® 60 Kunststoff*, D. Systems, Editor 2006: Darmstadt.

89. *n-Eicosan*, M.S. OHG, Editor 2006, VWR: Hohenbrunn.

90. *ProtoTherm 12120*, D. SOMOS®, Editor 2011: Elgin, USA.

91. Klintberg, L., et al., *A thermally activated paraffin-based actuator for gas-flow control in a satellite electrical propulsion system.* Sensors and Actuators A: Physical, 2003. **105**(3): p. 237-246.

Schriften des Instituts für Mikrostrukturtechnik
am Karlsruher Institut für Technologie (KIT)

ISSN 1869-5183

Herausgeber: Institut für Mikrostrukturtechnik

Die Bände sind unter www.ksp.kit.edu als PDF frei verfügbar
oder als Druckausgabe zu bestellen.

Schriften des Instituts für Mikrostrukturtechnik
am Karlsruher Institut für Technologie (KIT)

ISSN 1869-5183

Band 7   Friederike J. Gruhl
          Oberflächenmodifikation von Surface Acoustic Wave (SAW)
          Biosensoren für biomedizinische Anwendungen. 2010
          ISBN 978-3-86644-543-7

Band 8   Laura Zimmermann
          Dreidimensional nanostrukturierte und superhydrophobe
          mikrofluidische Systeme zur Tröpfchengenerierung und
          -handhabung. 2011
          ISBN 978-3-86644-634-2

Band 9   Martina Reinhardt
          Funktionalisierte, polymere Mikrostrukturen für die
          dreidimensionale Zellkultur. 2011
          ISBN 978-3-86644-616-8

Band 10   Mauno Schelb
          Integrierte Sensoren mit photonischen Kristallen auf
          Polymerbasis. 2012
          ISBN 978-3-86644-813-1

Band 11   Auernhammer, Daniel
          Integrierte Lagesensorik für ein adaptives mikrooptisches
          Ablenksystem. 2012
          ISBN 978-3-86644-829-2

Band 12   Nils Z. Danckwardt
          Pumpfreier Magnetpartikeltransport in einem Mikroreaktions-
          system: Konzeption, Simulation und Machbarkeitsnachweis. 2012
          ISBN 978-3-86644-846-9

Band 13   Alexander Kolew
          Heißprägen von Verbundfolien für mikrofluidische
          Anwendungen. 2012
          ISBN 978-3-86644-888-9

Schriften des Instituts für Mikrostrukturtechnik
am Karlsruher Institut für Technologie (KIT)

ISSN 1869-5183

Band 14   Marko Brammer
Modulare Optoelektronische Mikrofluidische Backplane. 2012
ISBN 978-3-86644-920-6

Band 15   Christiane Neumann
Entwicklung einer Plattform zur individuellen Ansteuerung von
Mikroventilen und Aktoren auf der Grundlage eines Phasenüber-
ganges zum Einsatz in der Mikrofluidik. 2013
ISBN 978-3-86644-975-6